建筑钢笔画
表现技法

陈方达　著

中国电力出版社
CHINA ELECTRIC POWER PRESS

内 容 提 要

手绘钢笔画作为基础造型课程之一，是高等院校建筑学、城乡规划、风景园林和其他艺术设计类专业学生必备的一项基本技能。本书由长期工作在教学一线、教学经验丰富、广受学生喜爱的教学名师编写而成。作者通过对大量建筑钢笔画作品的讲解，全面、系统地阐述了建筑钢笔画的学习方法与操作技法。全书共分 7 个部分，包括：概述、材料与工具、建筑钢笔画的基础表现技法、配景的表现、建筑的表现、建筑钢笔画写生方法与实践、建筑钢笔画作品赏析。本书深入浅出、系统全面、内容丰富，可读性强又具可操作性，更具有时效性和完整性。本书适合建筑学、城乡规划、风景园林和艺术设计等相关专业学生，以及广大钢笔画爱好者学习与临摹。

图书在版编目（CIP）数据

建筑钢笔画表现技法 / 陈方达著．—北京：中国电力出版社，2022.10

ISBN 978-7-5198-6943-4

Ⅰ．①建… Ⅱ．①陈… Ⅲ．①建筑画－钢笔画－绘画技法 Ⅳ．① TU204

中国版本图书馆 CIP 数据核字（2022）第 134593 号

出版发行：中国电力出版社
地　　址：北京市东城区北京站西街 19 号（邮政编码 100005）
网　　址：http://www.cepp.sgcc.com.cn
责任编辑：王　倩（010-63412607）
责任校对：黄　蓓　王海南
装帧设计：锋尚制版
责任印制：杨晓东

印　刷：三河市万龙印装有限公司
版　次：2022 年 10 月第一版
印　次：2022 年 10 月北京第一次印刷
开　本：889 毫米 ×1194 毫米　16 开本
印　张：9.5
字　数：257 千字
定　价：56.00 元

版权专有　侵权必究

本书如有印装质量问题，我社营销中心负责退换

前言

钢笔画作为重要的造型基础课程之一，是建筑学、城乡规划、风景园林及艺术设计类专业必须掌握的一项重要技能。钢笔画的练习，可以有效地提高练习者的造型能力、艺术表现能力和综合设计能力。而设计是一项创造性的形象思维活动，设计本身就包含了各种图形的表现，绘图与设计原本就具有一体性和相互依存性。钢笔手绘正是这一形象思维活动的具体表现，也是设计可视性、直观性的一种表现方式，是设计的基本表达语言。

设计师在设计创作一件作品时，首先要通过草图来表达自己的设计构想，然后才能通过其他手段进一步准确地表现所设计的空间形态与设计语言。即便在计算机设计运用发达的今天，美术造型基础和综合表现能力仍然是一个优秀设计师必须具备的重要素质。

钢笔画的工具简单，携带方便，描绘题材广泛，表现手法多样，是大家喜爱的一种绘画表现形式，具有自身独特的艺术魅力。钢笔画具有不易修改的特点，所以要求用钢笔作画必须做到：用笔肯定、果断、不拖泥带水，同时要求我们在下笔之前做到胸有成竹。这对于学习绘画和设计的同学来说都是一种非常重要的素质，是必须具备的技能和专业基本功。

随着科技水平的不断提高，计算机已经普遍运用到各类设计行业中，这给我们带来了新的选择和新的表现方式。但是，无论计算机设计绘图如何被广泛地应用，它都不可能完全取代手绘的作用。我们提倡的钢笔手绘训练至少有三点重要的意义：其一，快速而熟练的手绘表达能够迅速地展现自己头脑中的设计意象；其二，钢笔手绘表现可以帮助设计师研究与推敲设计方案；第三，通过手绘练习能够培养和提高练习者的观察能力、表现能力和审美能力。

建筑钢笔画的学习和提高是一个长期的过程，绝不是突击几天就可以一蹴而就的。大家需要勤学苦练，不断地总结经验，勇于尝试、循序渐进、不怕失败、持之以恒，这样一定会有所收获，取得成功。

笔者长期工作在教学的第一线，对于学生在学习过程中的问题和各种困难都十分了解，所以本书对建筑钢笔画的教学具有很强的针对性、示范效果和可操作性。书中建筑钢笔画由浅入深，取材内容丰富、表现风格多样，是笔者在教学过程中长期积累的成果。本书通过对大量图例和具体写生实例的分析、介绍、说明，使读者能够清楚地了解、掌握绘制建筑钢笔画的方法、步骤，以及各种表现技法。

本书为“福州大学教材建设基金资助出版重点项目”。

由于本书所绘内容广泛，作者水平有限，不足之处在所难免，恳请同行专家和广大读者批评指正。

陈方达

2022年6月

目录

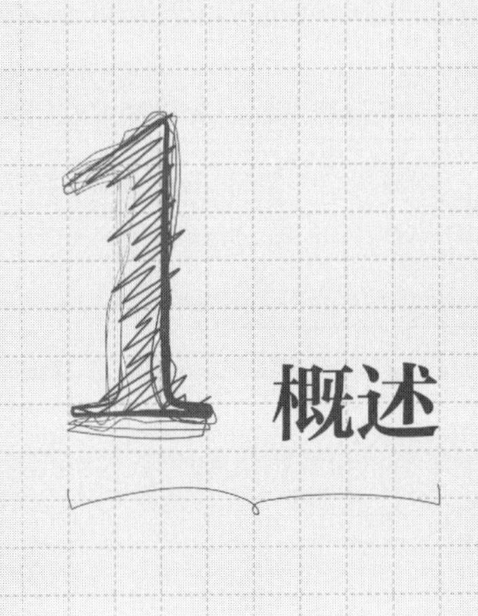

1 概述

钢笔画是单色画，是素描的一种表现形式，同时也是画家的基本技能之一，是画家和设计师都喜爱的一种绘画表现形式。钢笔画又是设计师表达设计意图、探讨设计方案、收集设计素材的一种重要手段。

1000多年前欧洲的中世纪时期，各地广为传播的圣经和福音书手抄本的插图可以说就是最早的钢笔画。文艺复兴时期，许多画家都广泛地使用这种方式绘制他们的创作稿，其中我们最为熟悉的莫过于荷兰画家伦勃朗和德国画家丢勒。他们用蘸水笔画的人物速写、风景速写及创作初稿等都极为概括生动。19世纪末，随着自来水笔的出现，通常意义上的钢笔工具得到了极大的普及，钢笔画也成为大众喜爱的一种艺术形式。

1.1 建筑钢笔画的基本概念

钢笔画工具简单、携带方便，表现手法灵活多样、生动活泼。它具有造型明确的特点，可以用简洁的线条准确地表达建筑的形体结构。所以，钢笔能成为建筑设计师、室内设计师、景观设计师表达设计意图和记录建筑生活场景的常用工具。

设计师在构思过程中可以通过钢笔画这一表现形式，将大脑里抽象的思维延伸到外部进行形象化展示，使自己能够直观地发现问题、分析问题进而解决问题。钢笔画作为常见的设计表现形式，是传递设计思想的载体。同时，钢笔画也是学生在考试、求职应试时的重要考查手段，是美术和设计专业人员必须具备的一种基本表现能力。

钢笔画除了作为独立的一种设计表现手法之外，还可以作为常见的设计快速表现手法（马克笔、彩色铅笔、钢笔淡彩等）的底稿，快速表现往往是在钢笔画的基础上着色完成的，钢笔底稿的线条是否流畅、用笔是否到位对后续的成稿尤为重要，所以学习手绘表现（色彩快速表现）也要先练好钢笔线描画法。因此，建筑钢笔画是建筑设计、城市规划设计、室内设计、景观设计等专业必修的一门重要的专业基础课程。

1.2 建筑钢笔画的特点

在钢笔画艺术中，线条是极为活跃的表现因素，用线条去界定物体的内外轮廓、姿态、体积是最简洁客观的表现形式。线条又是极具表现性的绘画元素，线条的组合可以形成节奏感、韵律感和力量感。钢笔线条有其良好的兼容性，无论是单线勾勒还是线条与明暗相互结合的表现，都能有很好的效果，因此我们说线条是钢笔画艺术的灵魂。

从表现的内容来看，建筑钢笔画多表现鸟瞰的城市、现代建筑、教堂钟楼、乡间别墅、普通住宅、传统民居等，而表现的形式除了一般的钢笔画所具备的艺术特点之外，往往是以具体的形象表达画家或设计师对真实场景的体验，以此来说明想要表述的感受。需要表现建筑的形态特点、结构关系、空间特征及建筑与环境的相互关系等。建筑钢笔画具有形象的明显可识别性，因此，它往往采用相对写实的表现手法，客观真实地再现建筑，而这也是建筑钢笔画的主要特点。

同为以黑白表现为主的绘画方式，钢笔一般无法像铅笔那样有浓淡变化，因而钢笔画在色阶的表现上是有局限性的。它不具备线条深浅变化表现出的丰富的灰色调，这是钢笔画自身的局限。然而，正是这种

徽州民居

局限使我们将钢笔画列入黑白艺术之列。很多优秀的钢笔画往往强调色阶的两极，合理的黑白布局往往使钢笔画显得精练概括。同时，线条的疏密变化也是钢笔画最重要的表现方式。这种表现方式使得钢笔画作品有很强的概括性、整体性和视觉冲击力。形成了特有的黑白绘画表现语言。

1.3 建筑钢笔画的独立审美价值

20世纪初，随着现代美术与工业化大生产相适应的造型设计学科的蓬勃兴起，很多画家、设计师都加入钢笔画创作的艺术领域。无论是抽象的革新派画家，还是传统的写实派画家，以及从事商业包装设计和现代建筑设计、产品设计、工业设计的设计师们，都留下了数目可观的钢笔画佳作。这其中既有逸笔草草的生动速写，也有精细入微和深入刻画的完整佳作。即便是那些在现代艺术史上名声显赫的大师们，如梵高、马蒂斯、毕加索等，都用钢笔进行了大量的艺术创作。

如今，钢笔画的表现力有了很大的提升——钢笔技法不断完善，钢笔工具也不断拓展。在多样化的基础上，以建筑为表现题材的钢笔画已经成为一门具有独特审美价值的绘画门类。

闽北桂林村

闽北沙埕镇

徽州屏山

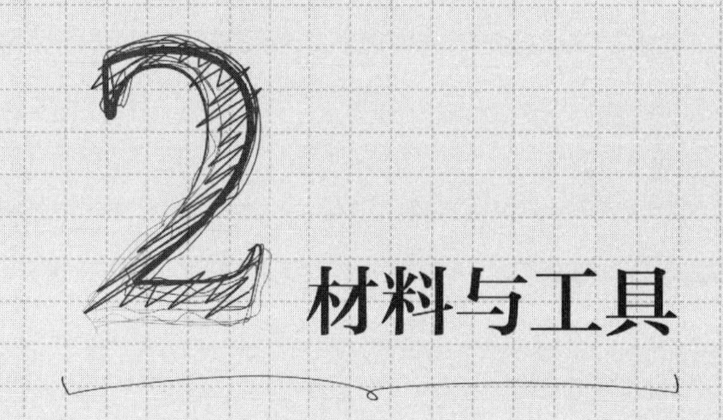

2 材料与工具

2.1 钢笔

钢笔画所用的工具就是我们平时书写中使用的工具，非常普及，且携带方便，容易购买，价格便宜。一支笔往往就能表现出丰富的艺术效果。常用的工具有：钢笔、美工笔、针管笔、签字笔等。在挑选工具的过程中要注意的是，不管选用哪种笔，最重要的是笔的出水要流畅。

（1）钢笔与美工笔

钢笔是最常见的书写工具。它起源于17世纪的鹅毛管笔，19世纪初逐渐发展成为现在的贮水钢笔。美工笔是将钢笔的笔头进行弯曲加工处理而成的，使用时根据用力度，以及笔身的倾斜和直立的角度不同、方向不同，可以描绘出各种不同粗细的线条，从而使线条富于变化，增强了线条的表现力，也丰富了画面的艺术感染力。

（2）针管笔与签字笔

针管笔是设计制图的常用工具，签字笔则是目前最常用的书写工具。因其所绘制出的线条均匀、与钢笔线条相似，且针管笔、签字笔都有大小不同的型号、规格多样、出水顺畅，目前它们是钢笔画常用的表现工具。

（3）其他各种笔

钢笔画的概念已不仅仅局限在以钢笔、签字笔等工具所表现的画面，还已经扩展到圆珠笔、记号笔、宽头笔、软性尖头笔、马克笔等工具所表现的画面。只要敢于尝试和探索，不难发现有些工具具有极强的表现力。这为拓展钢笔画的艺术效果带来了最大的可能，也使钢笔画的表现方法更加丰富多样。

2.2 纸张

钢笔画的用纸可选择的品种很多，以质地较密实、光洁、有少量吸水性能的为好。如绘图纸、素描纸、铅画纸、卡纸、白板纸、复印纸等。有色纸也是钢笔画中经常使用的纸张，选用这种纸张作画降低了钢笔线条的明度对比，使画面呈现出柔和的视觉特征，可产生和谐优雅的色调。选择不同质地、不同肌理、不同色彩的纸张可表现出不同的画面效果。

素描速写本也是理想的钢笔画纸张，现在市面上能够购买到的速写本种类繁多，各种规格齐全，携带使用方便，是外出写生的理想用纸。常用的有8开（A3）速写本、12开（方形）速写本、16开（A4）速写本、可根据使用习惯和具体情况来选择自己所需要的速写本。除此之外，也可以选择单张的素描纸、卡纸、牛皮纸等。

因钢笔、签字笔的笔头坚硬，加上用笔的力度，所以要选择有一定的厚度和坚韧性的纸张，以确保用笔时坚硬的笔尖不至于将纸面划破。现有的纸张一般有180、200、240、300克等，通常克数越高纸张就越厚，平整度也更好。在质地光滑的纸张上作画，线条流畅，而在纹理粗糙的纸张上作画，线条粗犷，很有质感。我们可以在作画时，根据不同的表现题材和内容选择不同肌理的纸张。

2.3 其他工具

（1）墨水

在使用贮水钢笔和美工笔时还必须用到墨水，一般选择国产墨水就可以。但要注意的是，如果所描绘的钢笔线稿是作为钢笔淡彩（在钢笔线稿基础上再用水彩上色）的底稿，那么就要选择相对特殊的墨水，以防止上色时钢笔线稿墨色的溶化。

（2）涂改液

钢笔画线条不易修改。一般情况下，钢笔画的线条也不做修改。只有在万不得已的情况下才用涂改液进行适当地修改，因此画钢笔画的过程中可准备一支涂改液备用。

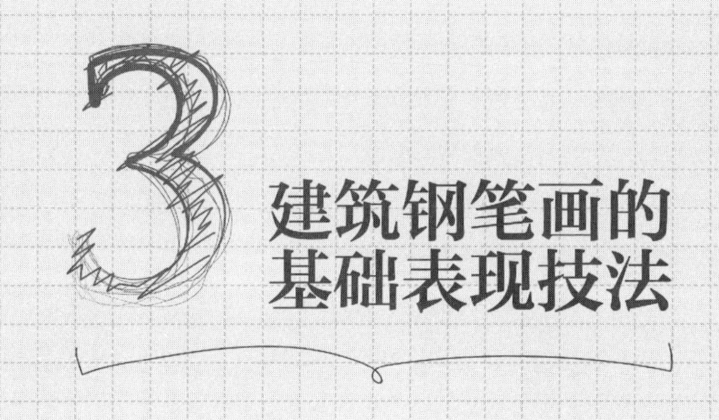

3 建筑钢笔画的基础表现技法

3.1 线条

3.1.1 线条的练习

线条是建筑钢笔画塑造和表现形体最基本的手段，线条经过疏密、长短、曲直的变化以及运笔快慢和轻重的变化，可以创造出丰富多样的艺术效果。

线条1

3.1.2 线条的组合

线条经过组合能产生极强的表现力。可以有流畅的效果，也可以有力量的感觉；既能表现出飘逸的特质，也能表现坚实的立体感。

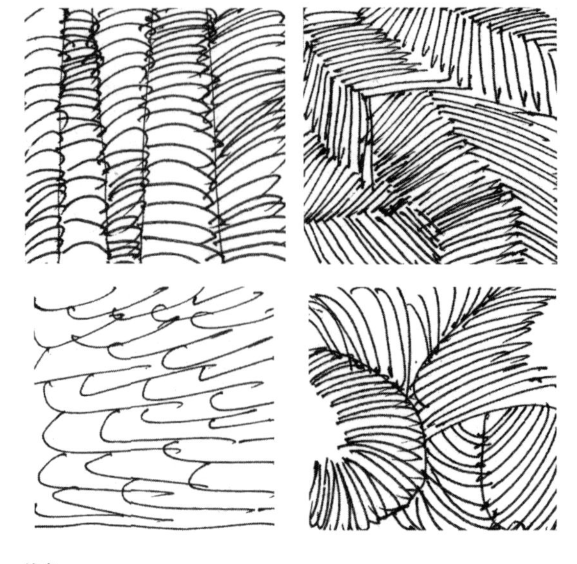

线条2

线条的组合

线条3

3.1.3 线条的对比

线条的对比是建筑钢笔画的重要表现方法之一。通过线条疏密的对比、曲直的对比、长短的对比，画面上就能表现出丰富的视觉效果和持久的艺术魅力。

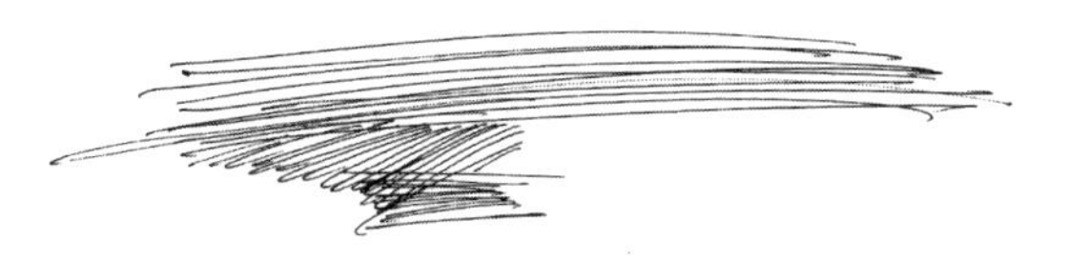

线条的长短对比

线条4

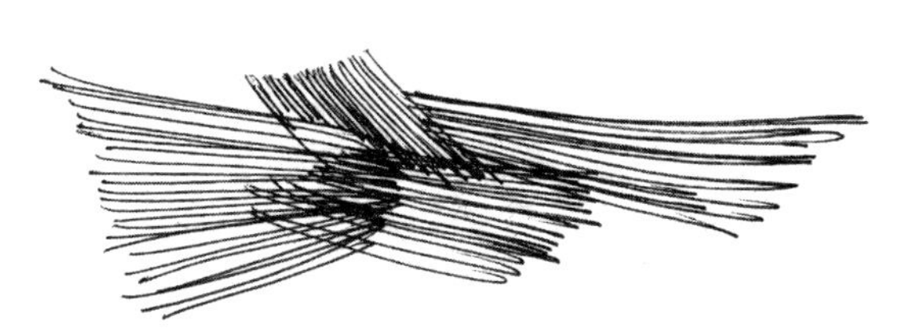

线条5

农家小院

画面中线条的疏密对比是经过作者精心安排的。画面左侧的建筑只有一条极其简练、概括的轮廓线，而房子前面堆放的一些生活物品、近景的植物，以及门窗等部分描绘的线条就十分的密集、深入，形成了对比强烈的视觉效果。

徽州金村

福建民居

3.2 透视原理

正确地把握透视关系可以使画面具有很强的空间立体效果。我们在一张小小的图画纸上能够描绘出体量高大的宏伟建筑物，很重要的一点就是正确把握了透视关系。绘画的透视基本原则有两点：一是近大远小，离视点越近的物体就越大，反之则越小；二是不平行于画面的线，其透视会相交于某一点，这在透视学上称为消失点。

3.2.1 一点透视

一点透视的特点，我们以立方体为例来看。可从正面看一个立方体，其有三组平行线，水平线仍然保持水平状态，垂直线仍然保持垂直，只有往远处延伸的那组平行线会相交于某一点，这个点就叫消失点。这种透视关系就是一点透视。

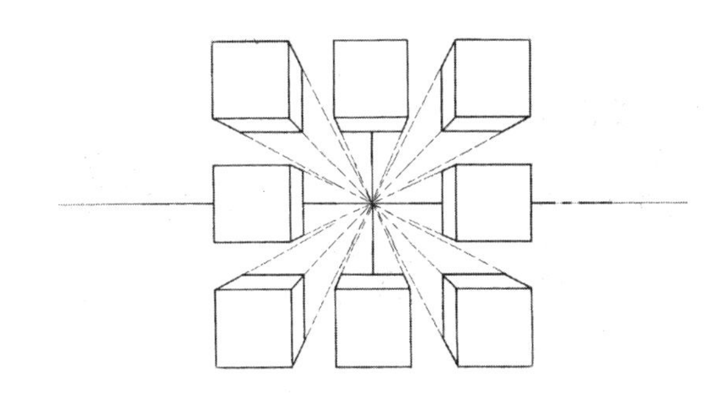
一点透视1

一点透视适合表现街景、巷景等，可以表现出强烈的进深感和深远的空间效果。在作画的过程中，一点透视的消失点要尽量避免放在画面中心位置，如果消失点放在中间，左右两边景物呈现对称的状态，画面就显得四平八稳，会产生呆板的效果。

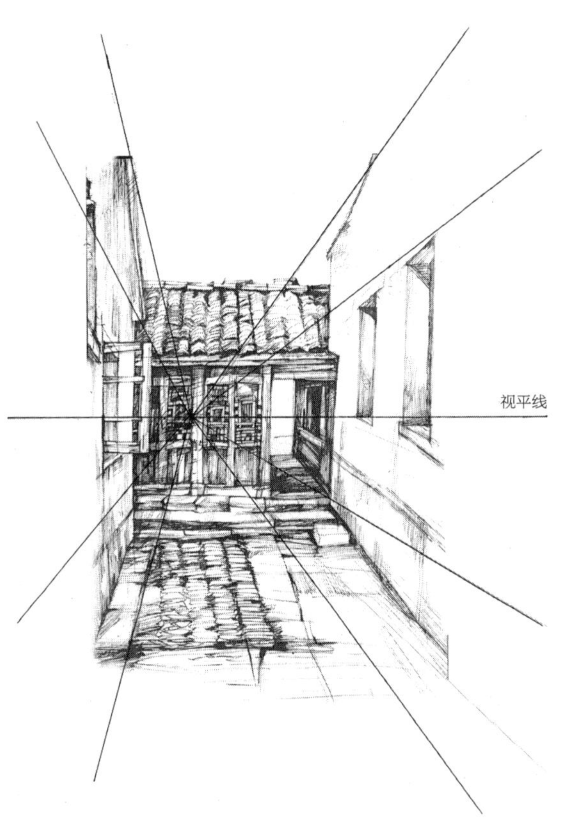

一点透视2

一点透视3

3.2.2 两点透视

两点透视也称为成角透视。仍以立方体为例来看，我们不是从正面去看，而是从立方体的某个侧面去看，这时候我们发现，除了垂直于地面的那一组平行线还是垂直的状态之外，其他两组纵深和平行的透视线分别消失于画面的左右两侧，因而产生了两个消失点。这两个点都应该落在视平线上，这就是两点透视。用两点透视的方法画出来的建筑画，不仅画面生动，而且自然、直观，很接近人的实际视角。

两点透视的特点是可以看到建筑的两个面，用这种透视画出来的建筑体积感较强。两个消失点应该离建筑物一远一近，这样安排构图第一比较有变化，第二所表现的建筑物主次分明，可以较好地展现主要内容。

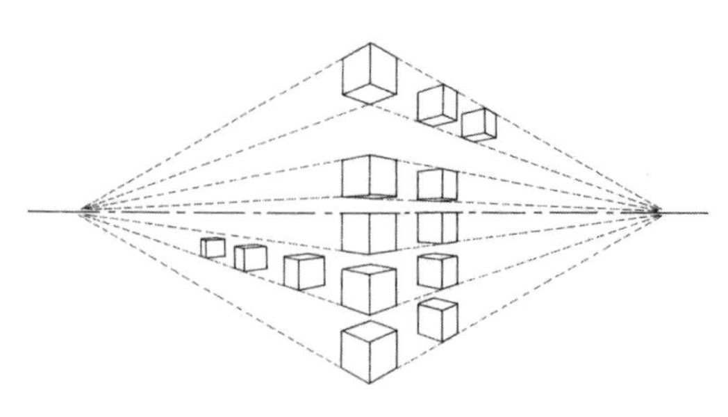

两点透视1

两点透视2

两点透视3

3.2.3 三点透视

三点透视也称斜角透视，是三种透视方法中最复杂的一种。仍以立方体为例，立方体三组平面的线条与画面都成角度，三组线分别消失于三个消失点。三点透视在建筑透视表现中多采取仰视或俯视的角度。在环境的上部看物体呈俯视状，我们称为俯视图；在环境的下部向上看物体呈仰视状，我们称为仰视图。

三点透视特别适用于表现高层建筑的仰视图，有助于表现建筑物挺拔高大、宏伟的感觉，使画面富有气势。三点透视也适用于表现较大场景和城市环境的俯视图或鸟瞰图，能够清楚地表现建筑物与周边环境的关系和城市景观。以三点透视绘制的建筑透视图，需要注意的是三个消失点之间的距离关系。如果三个消失点之间的距离过近，可能会造成建筑物形象的失真变形，特别是天际消失点和视平线上的两个消失点的距离不能过近。所以，以三点透视的方法画建筑，选择一个恰当的透视点就显得至关重要。

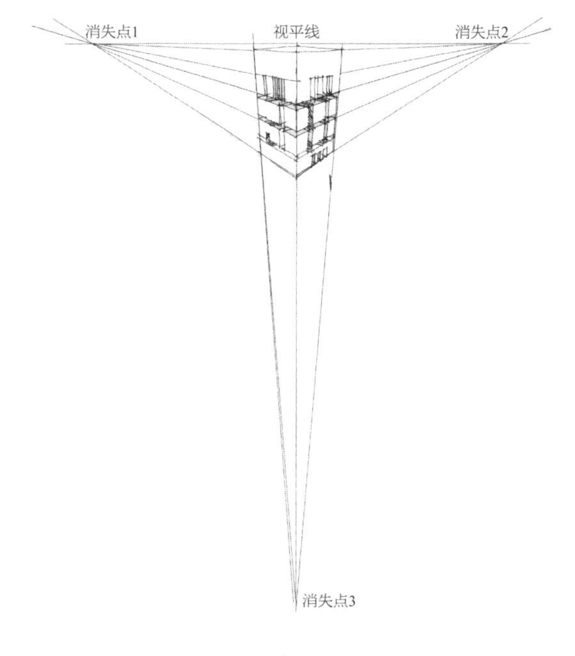

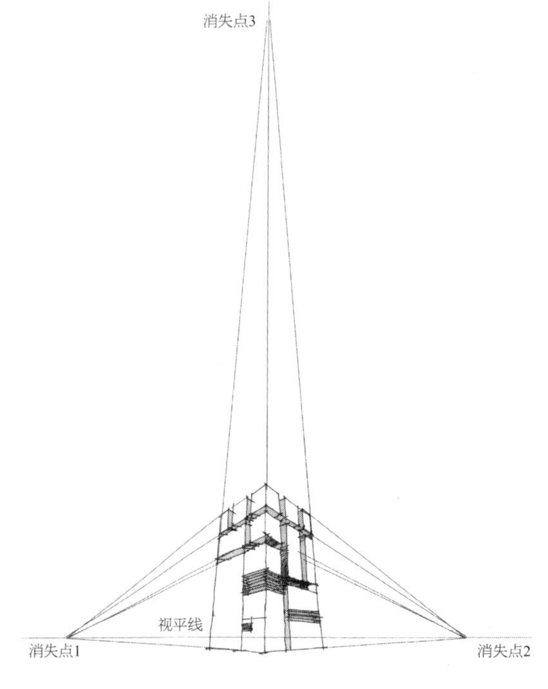

三点透视1

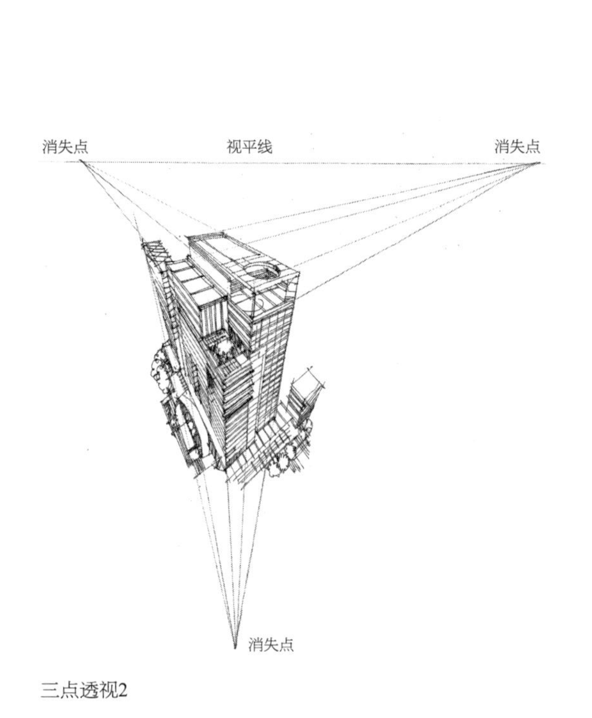

三点透视2

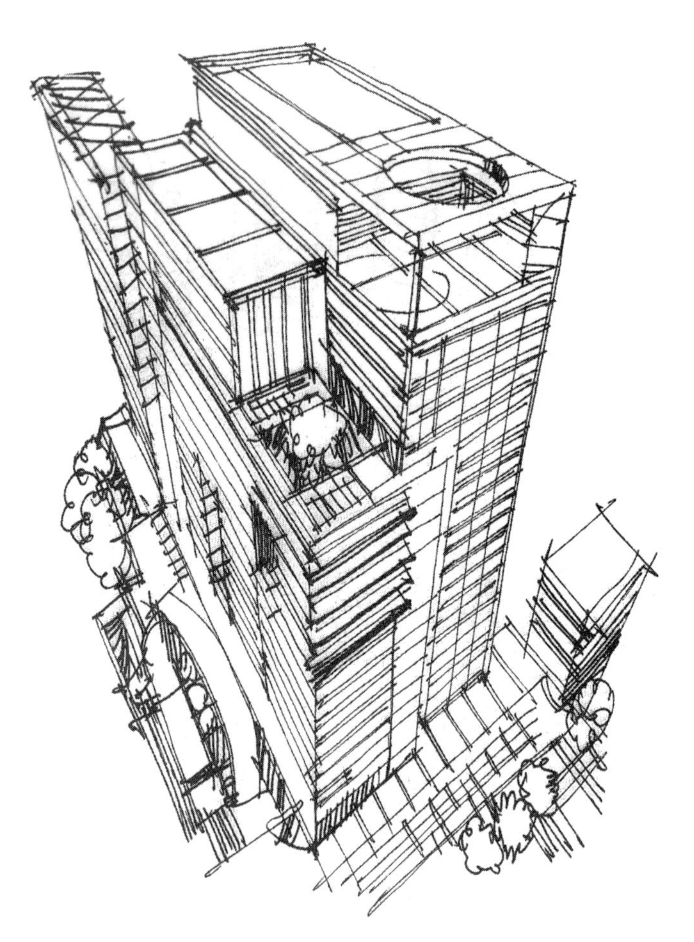

三点透视　空中鸟瞰高层建筑

3.3 取景与构图

现实世界中的景物丰富多样。但是，不是所有的景物都可以入画，取景是画建筑钢笔画最开始的阶段，取景是我们对各种场景的观察、遴选和对比，挑选出能引起你的注意，能打动你，并能激发起你的作画冲动的过程。因而要画好一幅建筑钢笔画首先要发现美，并学会取景、构图，进而表现美、创造美。

所谓构图，即如何组织好画面，这对画好一幅建筑画起着至关重要的作用。自然界中的景物丰富多样、各不相同，构图的方法同样也是多种多样，在构图的时候概括起来主要需要把握好以下几点。

3.3.1 构图的层次

一幅建筑钢笔画为了表现其丰富性，通常画面都会有一定的层次。画面在构图时通常需要考虑近景、中景、远景，它们是互相衬托、相辅相成，缺一不可的。一幅画中如果仅有中景，没有近景和远景，会显得单调、孤立，缺乏空间层次。安排好近景、中景、远景才能使画面丰富多彩、富有层次感。一般来说，多数情况下主体都处于中景，该部分内容通常对比较为强烈、刻画深入；近景和远景作为配景，刻画相对比较概括，特别是远景更应该削弱对比关系，以免喧宾夺主。

福建民居　近景

福建民居　中景

福建民居　远景

福建民居

3.3.2 构图的均衡

构图的均衡是指一种视觉的稳定感。均衡是指画面中各种图像要素的组合形成相对的稳定性和平衡感。我们在绘制一幅建筑钢笔画时，经常需要主观地在画面中添加或删除一些内容，以达到画面视觉上的均衡效果。

徽州宏村民居

徽州西递村

闽北沙埕镇

江西婺源民居

3.3.3 构图的主次

画面构图的主要和次要内容是一种相互依存的关系。每幅画都会有一个主体，属于重点表现的内容，需要重点刻画。画面中次要的内容并非无关紧要，次要的内容即配景，在一幅画中同样也具有重要的意义。如果没有配景，画面就会显得单调乏味，没有生活气息，缺乏美感。

徽州西递民居

闽北沙埕镇（实景）

在这种寻常的场景前写生时，需要调整和处理的地方有很多。需要确定所要表现的建筑主体，但一幅画仅有主体是不够的，如何处理好画面的主次关系也显得尤为重要。将植物作为配景进行放大和强调，并在画面的左下方增添了和建筑主体协调的部分内容，使得画面完整丰富。把电线杆移到建筑的后面，构图上更加合理，使得天际线高低错落、富有变化。

闽北沙埕镇

浙江苍南蒲壮所城

蒲城古城

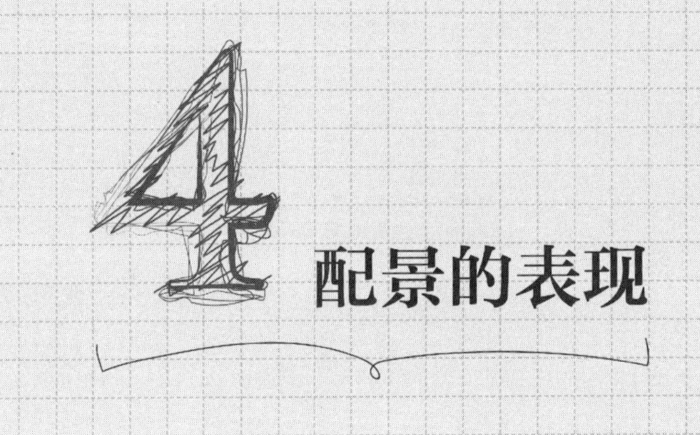

4 配景的表现

4.1 植物

植物是建筑画中不可或缺的重要配景之一。几乎每一张建筑画都离不开植物。有了植物，建筑画会显得更加丰富多彩、自然生动。

植物的表现主要应区分是近景还是远景，近景的植物应表现深入，细节丰富；远景的植物则应简练而概括。

常见的植物通常有：阔叶植物，如棕榈树、芭蕉树、蒲葵等；小叶植物，如柳树、竹子等；针叶类植物，如松树等；冬天落叶完仅有枝干的植物；花草等小型植物等。

画有叶子的树，要注意统一光影下的体积表现，理解圆球状形式特征，复杂的树木形态通常要做一些概括或简化的处理，抓住主要特征。

植物　芭蕉1

植物　苏铁

植物　散尾葵1

植物 美人蕉

植物 散尾葵2

植物　朱蕉1

植物　槟榔

植物　长春花、沿阶草

植物　海芋、芭蕉

植物　散尾葵3

植物　朱蕉2

植物　芭蕉2

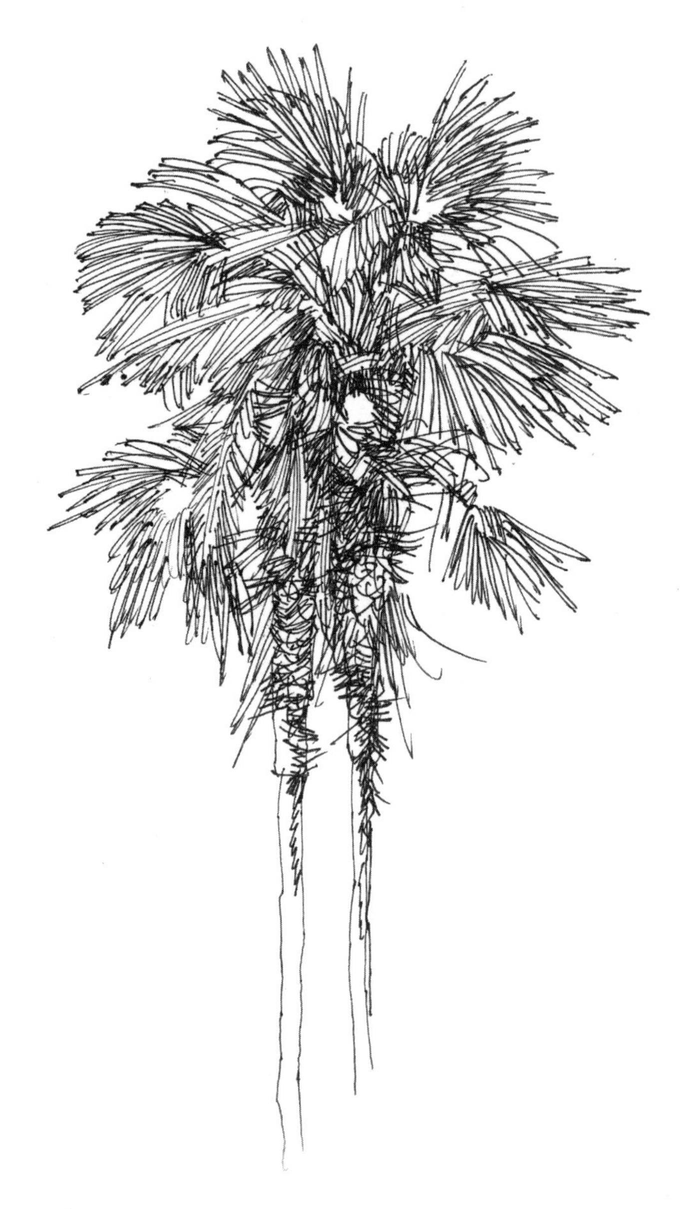

植物　棕榈树

植物　旋覆花

植物　芦竹

植物　水竹芋

植物　水生植物

植物　组合表现1

植物　组合表现2

植物　丝兰

植物　芦苇

植物　组合表现3

植物　组合表现4

植物 旅人蕉、沿阶草

植物　皇后葵

植物　常绿灌木

植物　落叶乔木树干1

植物　落叶乔木树干2

植物　落叶乔木树干3

植物　印度千妃美

植物　草本植物

植物　组合表现（文殊兰与凤尾兰组合）

植物　植物组合表现5

植物　黄山松

植物　植物组合表现6

植物　茶梅

4.2 盆景

盆景在建筑画表现中也是大量出现的内容。盆景通常体量较小，植物品种多样，配置手法亦丰富多样。盆景的表现在建筑画中往往能极大丰富画面效果，增强画面的趣味性。

盆景1

盆景2

盆景3

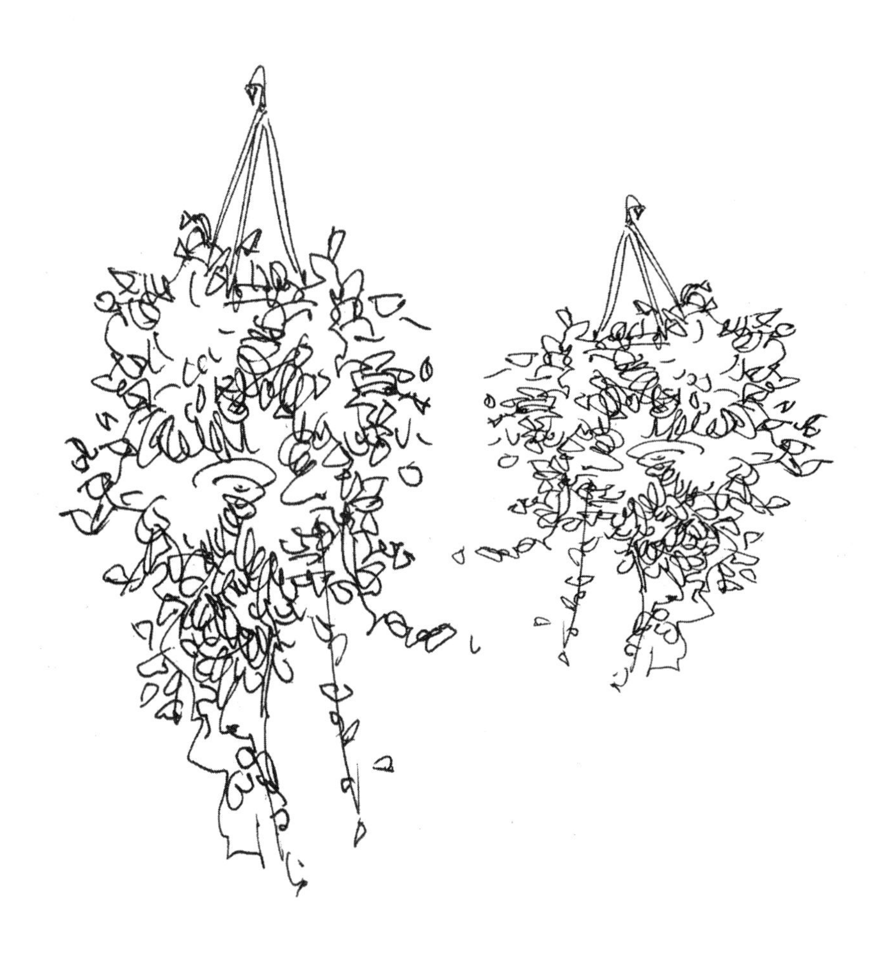

盆景4

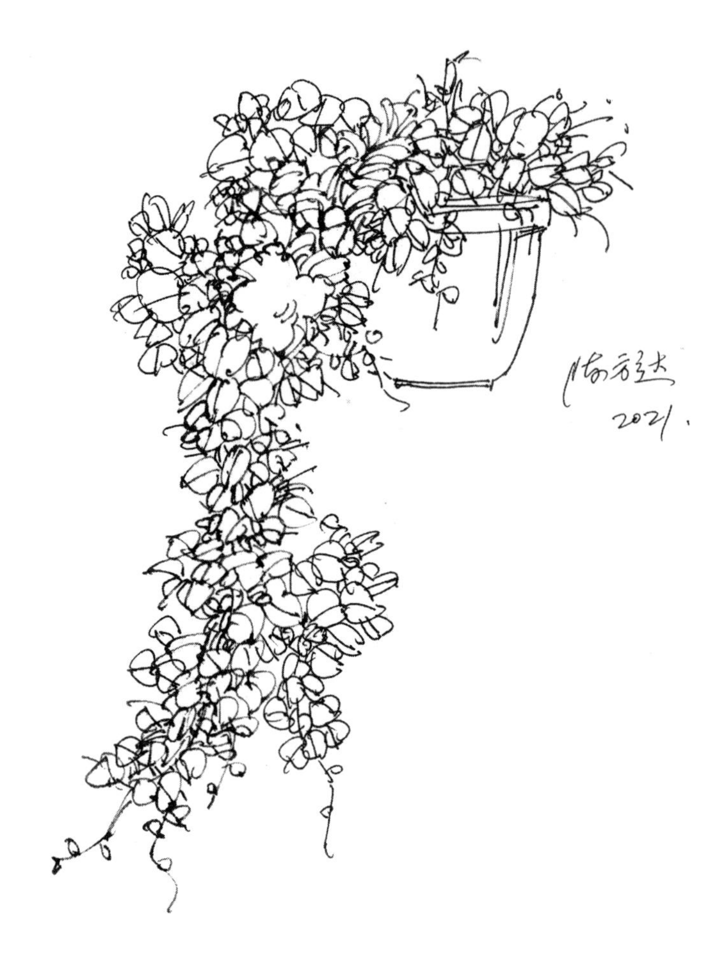

盆景5

盆景6

盆景7

盆景8

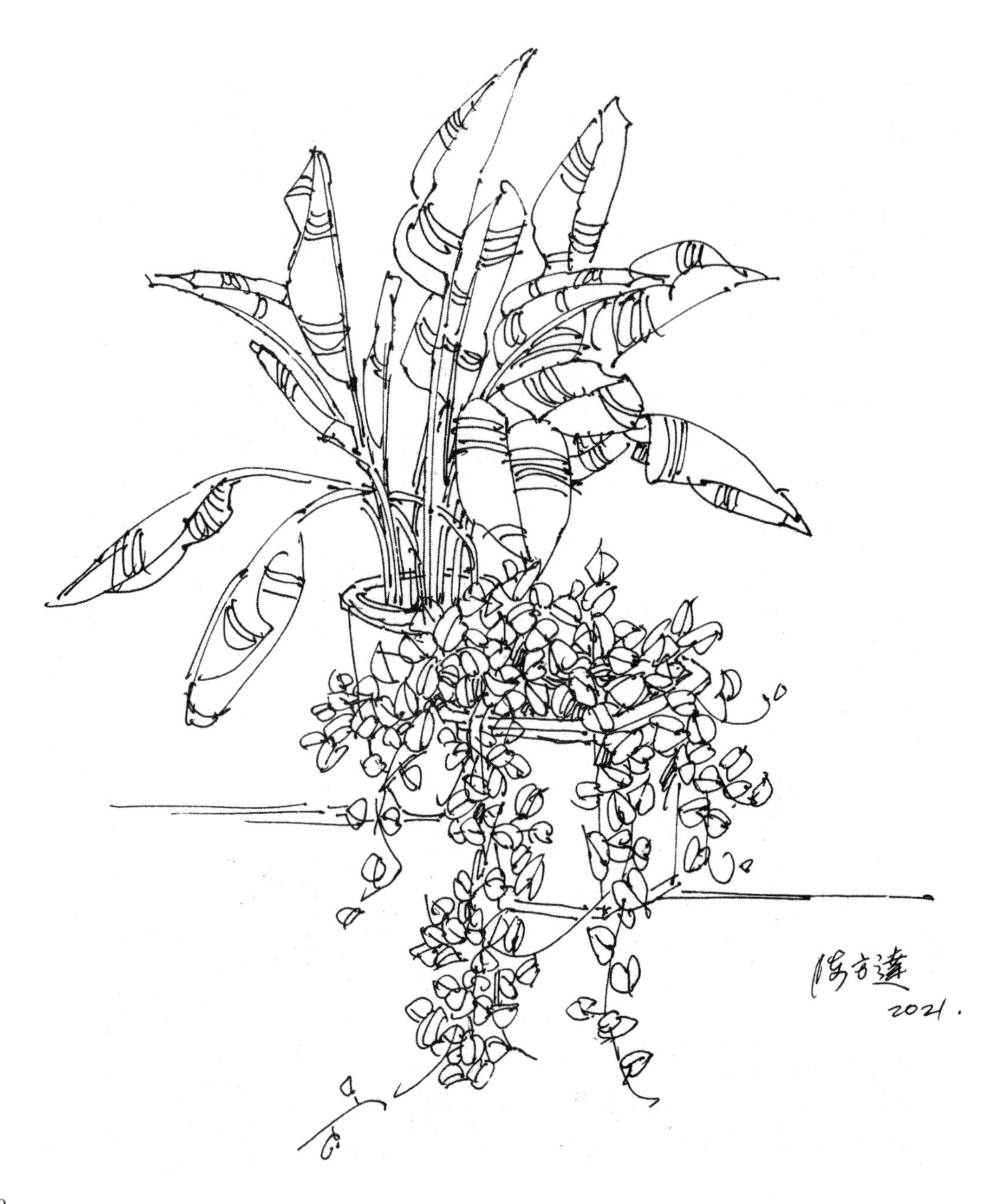

盆景9

4.3 石景

石景在园林景观中被大量地使用，无论是现代风格还是古典风格的园林景观，都少不了石景的应用。石头多用于假山造景、水景堤岸和各种园林造景等。我们知道，自然界中的石头千姿百态、形态各异，每一块石头都各不相同。我们在表现石景的时候，首先，要表现出石块的体量感；其次，要表现出石块的自然特征；再次，要表现出石块的整体感，不要太过拘泥于细节，多注意概括处理。石景的另一个特征是，大多数情况下，石景在造景的过程中都会与各种植物相结合，起到柔中带刚、疏密有致、对比强烈的审美艺术效果。

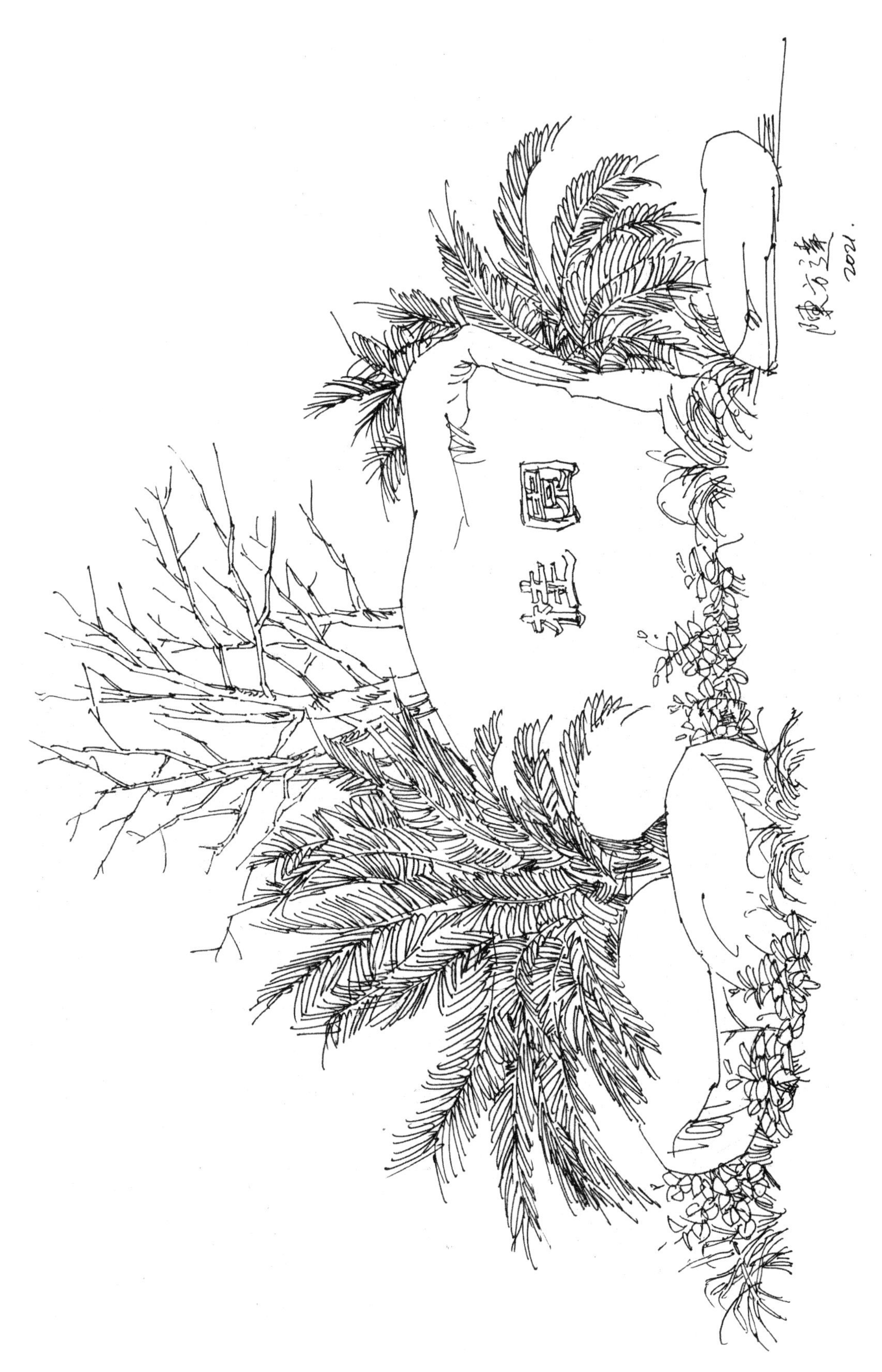

石景1

石景2

石景3

石景4

石景5

石景6

石景7

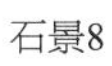

石景8

石景9

4.4 水体

水体在建筑、园林景观等环境中是很常见的内容。有了水，整个环境就会显得更有灵性，所以园林景观设计一般都离不开水景。常见的水体可分为自然水体和人工水体。自然水体形态各异，丰富多样；人工水体则规则有序。水中倒影是一种虚的影像，空灵清新。另外活水流动则产生自然波纹、涟漪，在表现时线条应灵活多变。

水体1

水体2

水体3

水体4

4.5 道路

道路的表现关键是要把握好透视关系，道路的延伸一定要表现出远近的透视效果。很多初学者经常把路面画得又长又陡，就是因为透视没有把握好，把道路画于视平线之上，把平路画得像上陡坡一样。因此，画平路一定要先明确视平线位置，把消失点定在视平线之上。此外，要注意道路的材质，在传统建筑的表现过程中我们经常看到石材铺路，石材有大有小，疏密有致，富有变化和韵律美感。

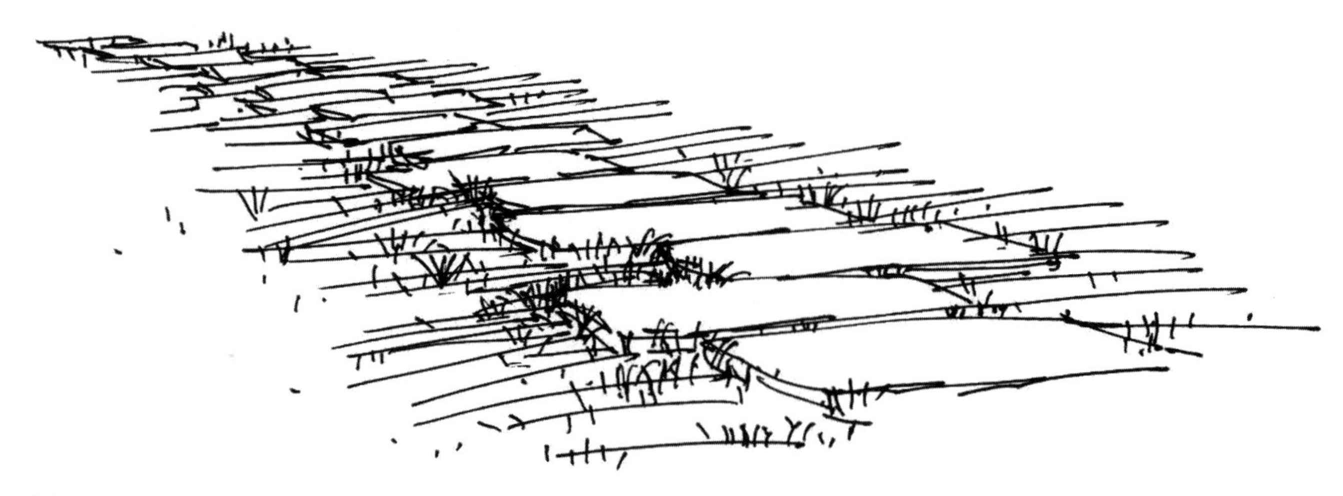

道路1

道路2

道路3

道路4

道路5

徽州宏村

徽州西递民居

4.6 人物

建筑画中可适当画一些人物，一方面通过人物的大小与建筑物的比例关系建立画面的尺度，另一方面人物的服饰、形象特征也能反映地域人文特征，使画面活泼生动、充满生活气息。但在建筑画中人物毕竟是建筑的陪衬，画面中人物的比例不宜过大，不宜画得过于深入，以免喧宾夺主。

人物1

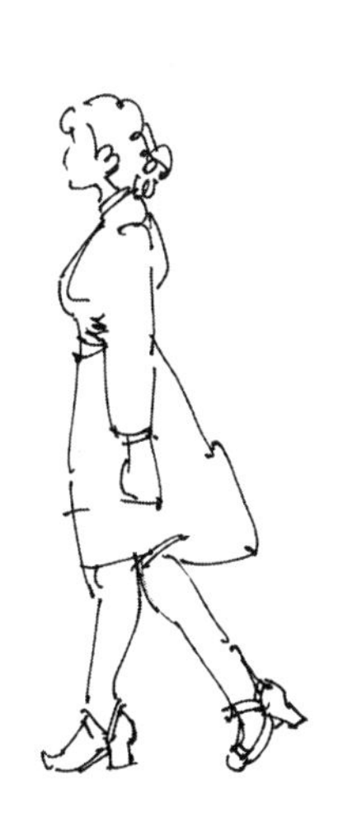

人物2

人物3

人物4

4.7 交通工具

交通工具在建筑画中也时常出现，一般不同类型的车辆匹配不同的建筑环境，如城市街区表现公交、轿车等，农村则可能出现农用车、拖拉机等。交通工具在画面中出现更能烘托建筑环境的氛围。

表现交通工具要处理好与建筑物的比例关系，还要画好与建筑物相一致的透视关系。平时要注意观察，做一些速写练习，以熟悉各种类型车辆造型。

交通工具1

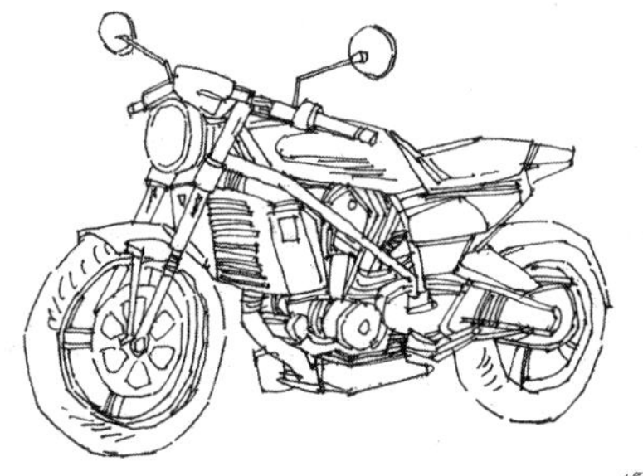

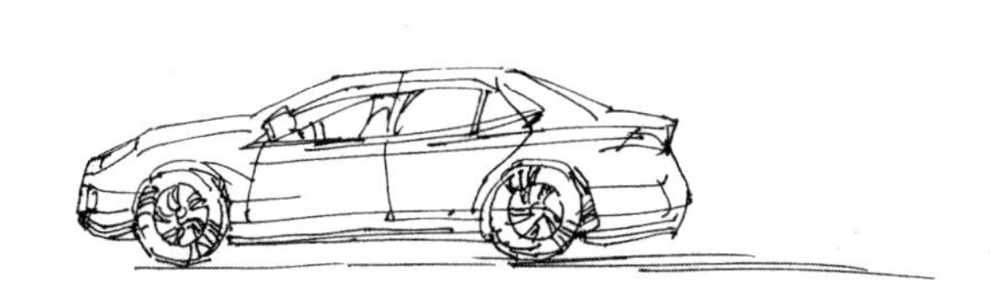

交通工具2

交通工具3

交通工具4

交通工具5

交通工具6

交通工具7

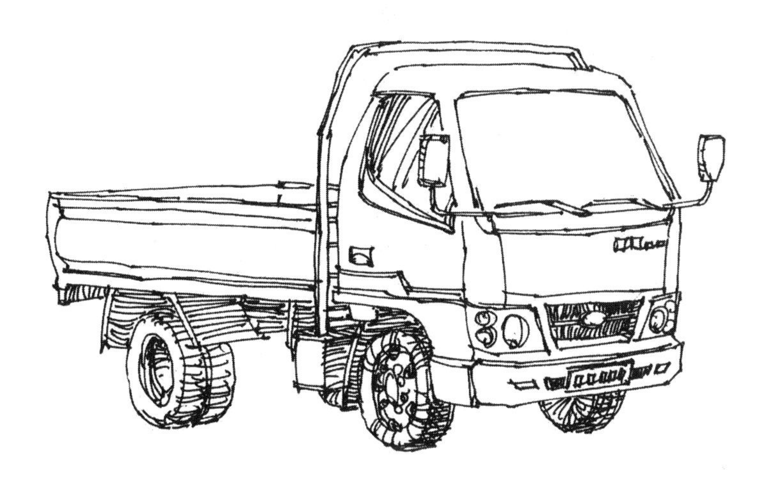
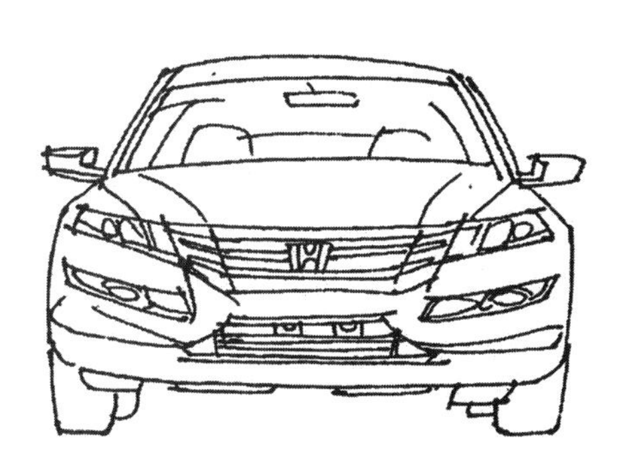

交通工具8

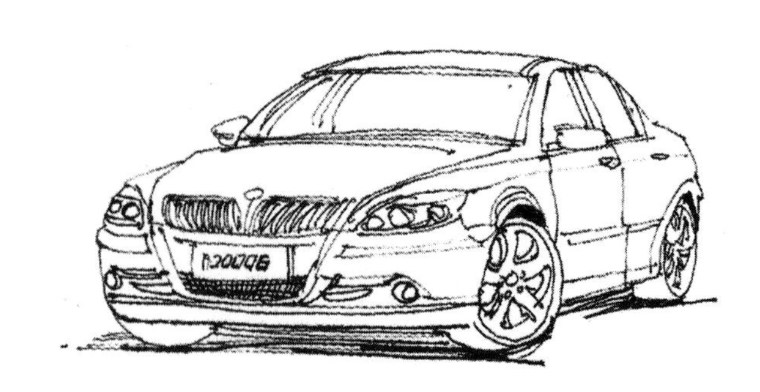

交通工具9

4.8 主体与配景

建筑画所描绘的是处于真实环境中的建筑场景，因而除了表现主体建筑之外，还要表现建筑所处的环境，即与建筑协调一致的配景。一张好的建筑画不仅要注意主体的塑造，还要注意配景的刻画。配景能有效地丰富画面的整体效果，对建筑氛围的营造能起到至关重要的作用。

我们所描绘的场景，大多数情况下是不完美的，通常需要进行有意识的调整与改造，使之符合审美的要求。如现场太过杂乱无章时，就一定要归纳整理，使之有秩序感，与画面无关的东西要大胆地去除；画面太空洞时，就要进行合理的添加，使画面丰富起来。增加的景观可以是周边现成的景物和生活物件，也可以是从其他地方收集来的内容，但一定要与描绘的主体建筑协调统一。

配景1

配景2

配景3

配景4

配景5

乡村民居常见的配景十分丰富，并因地域的不同各具特色，大到水车、草垛、柴堆、石头墙，小到水缸、石臼、箩筐、竹椅、木桶等各类乡村生活用具都极具生活气息，十分入画。通过细致观察、仔细筛选、认真表现，这些形象都能使画面环境真实感人，呈现出浓郁的乡土风情。

配景6

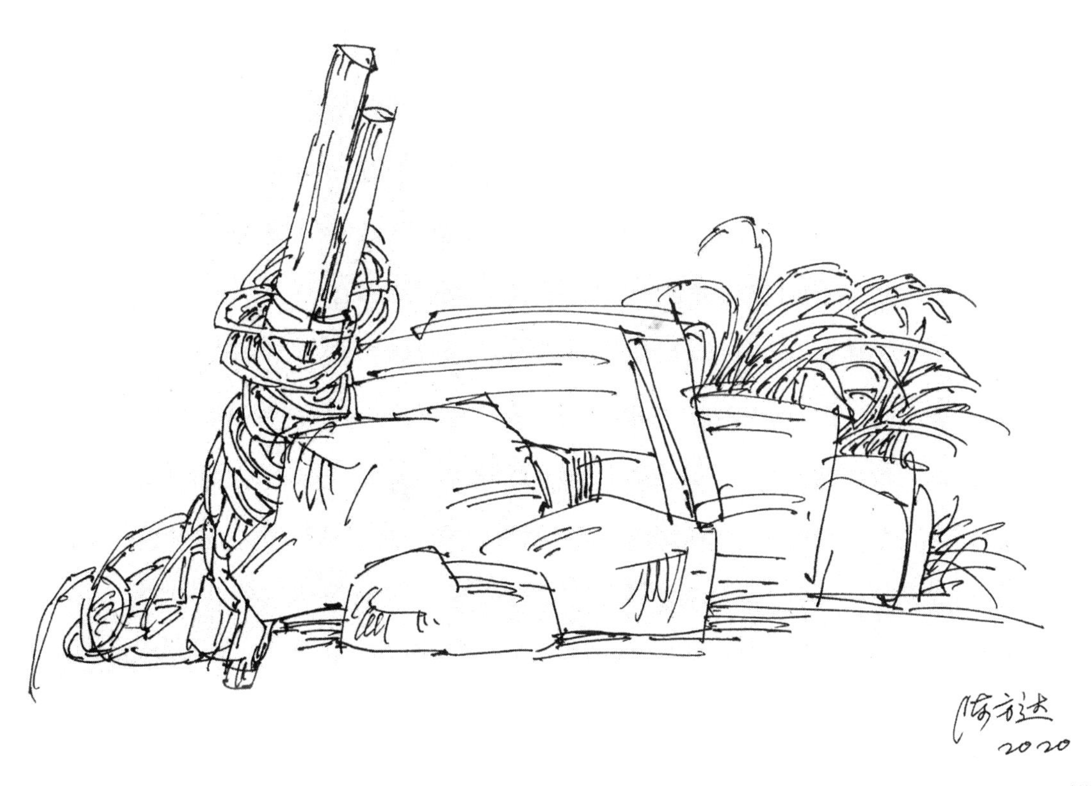

配景7

配景8

配景9

配景10

配景11

配景12

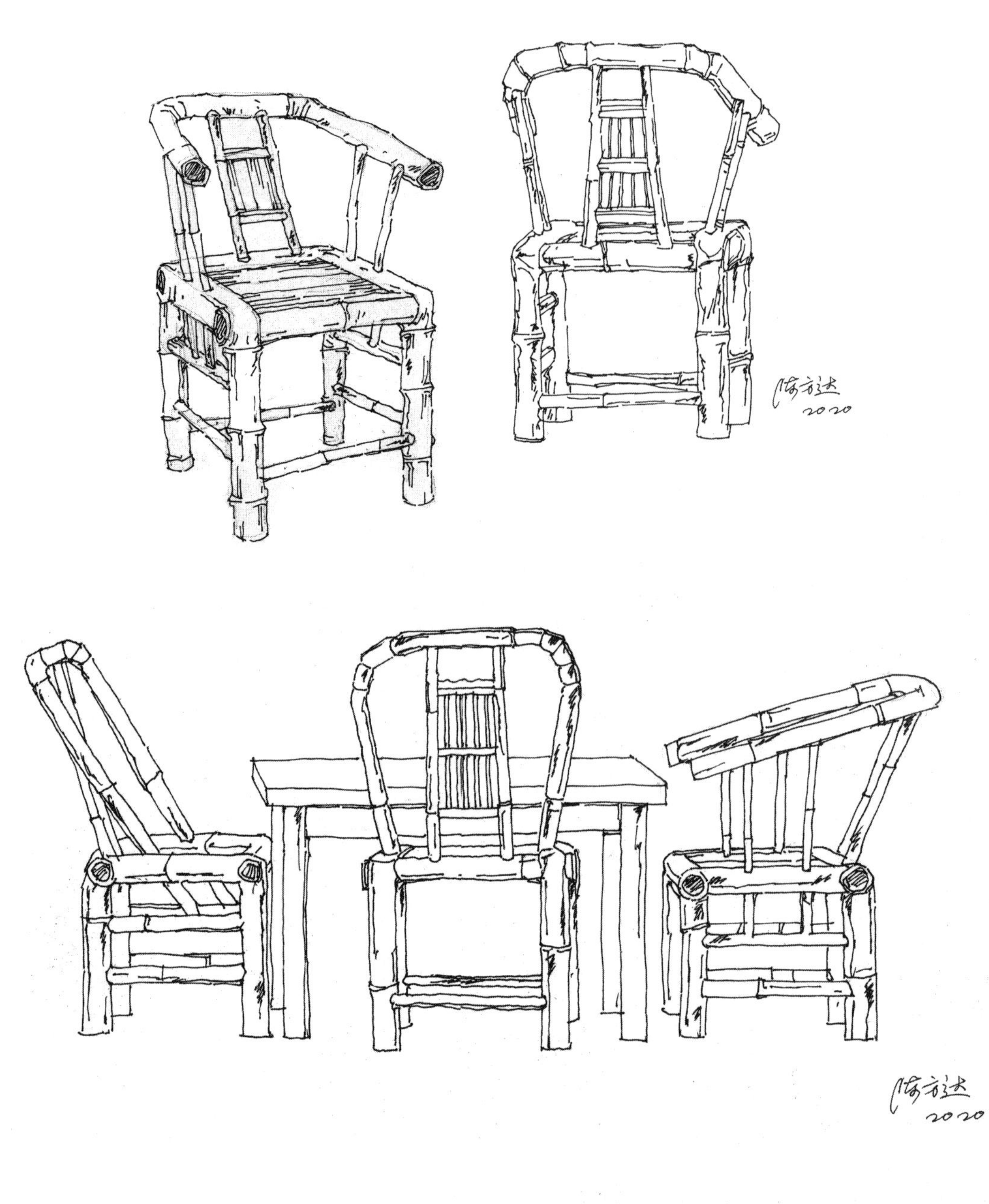

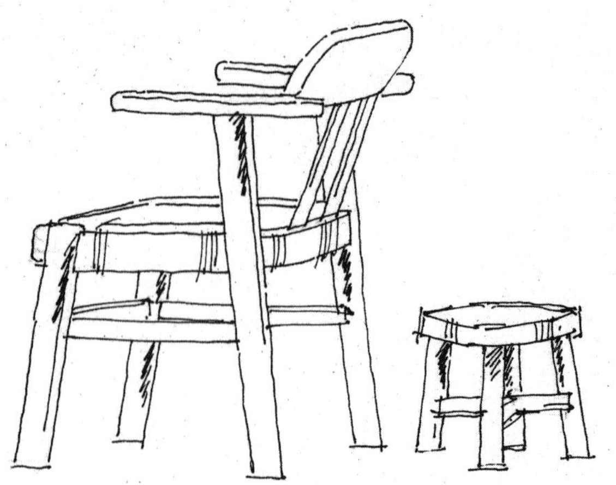

配景13

配景14

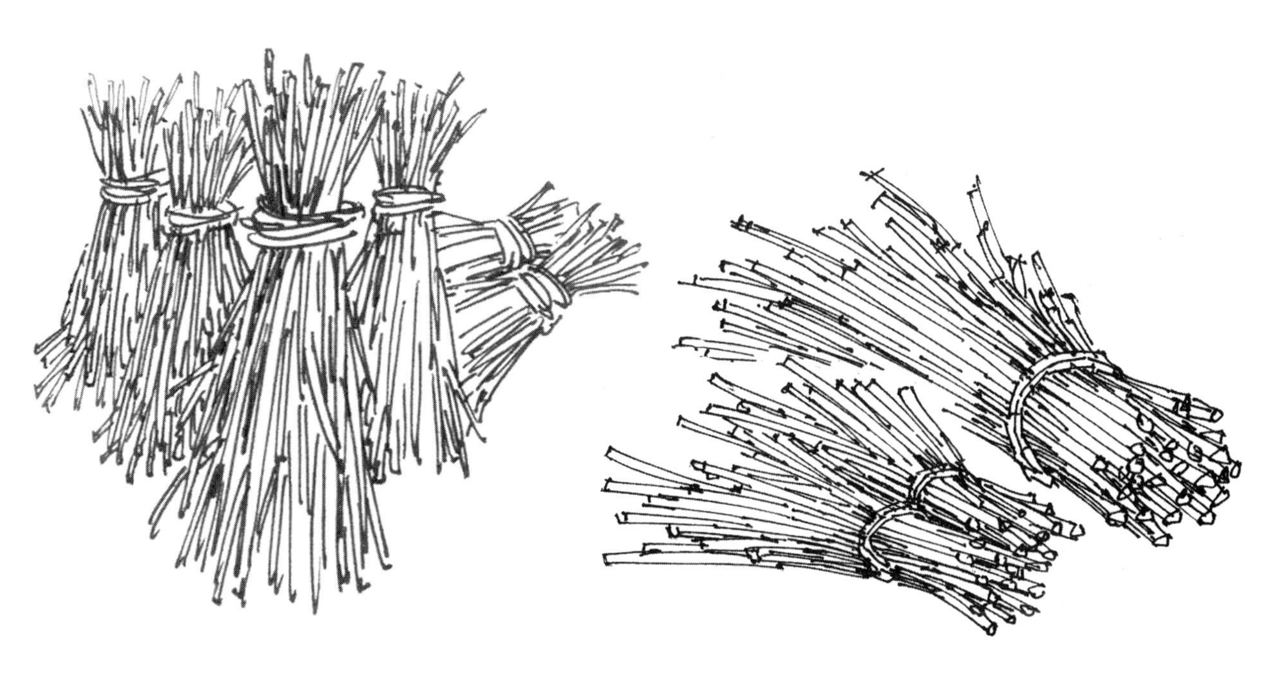

配景15

配景16

配景17

配景18

配景19

配景　浙江丽水民居1

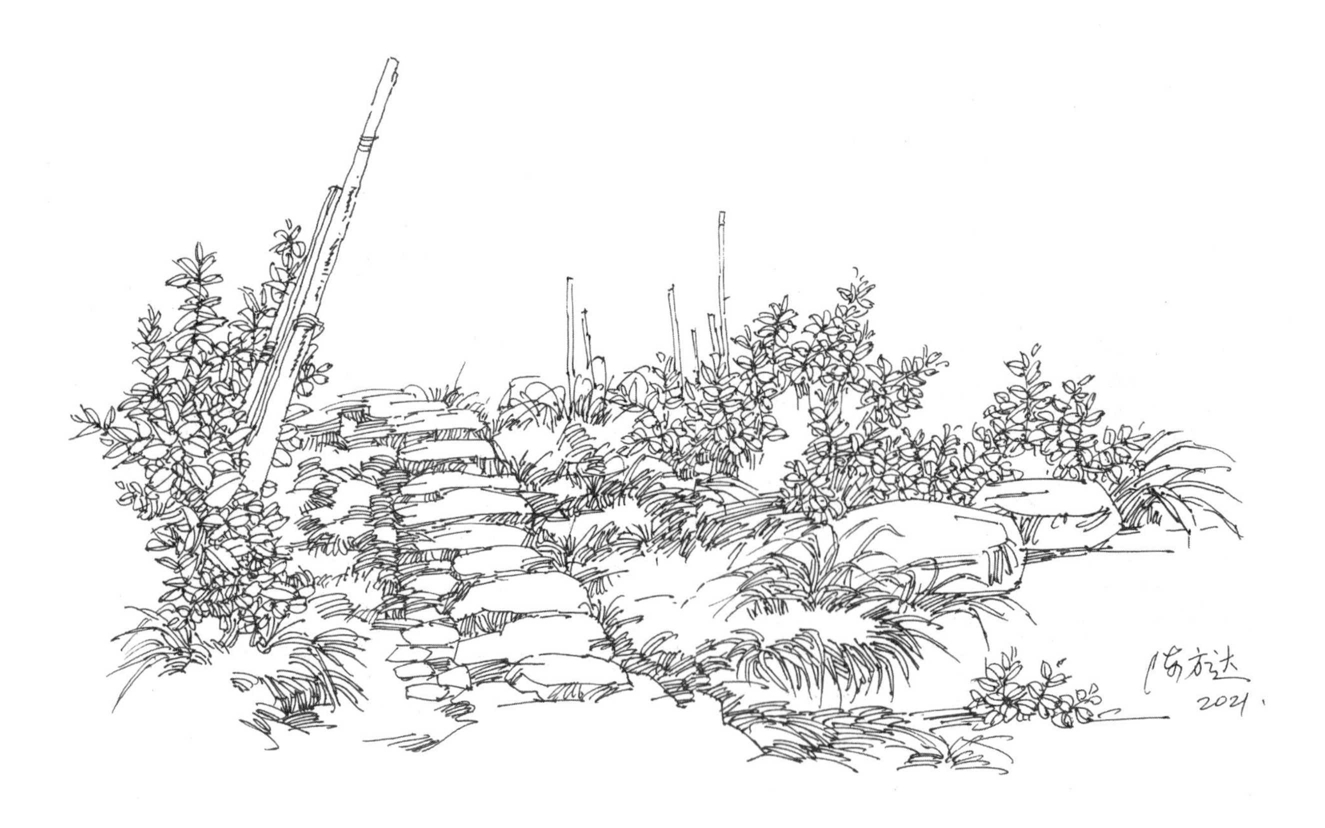

配景20

配景21

配景22

配景　村外

徽州民居

配景23

配景　石墙

配景　石阶1

浙江丽水民居2

配景 石阶2

福建民居

漈下村

外村

浙江丽水民居3

配景24

闽北沙埕镇

4.9 建筑局部与构件

建筑构件的描绘、理解和把握对于我们画好建筑钢笔画有着十分重要的意义。传统建筑构件的造型特征、装饰内涵、图案纹理都具有深厚的文化底蕴。传统建筑构件造型丰富多样，形态优美。对这些建筑构件进行写生练习，不仅能够锻炼我们绘制钢笔画的造型能力，同时也能让我们深刻地感受、体验和理解传统建筑的美，为我们的设计提供有益的思路和灵感。

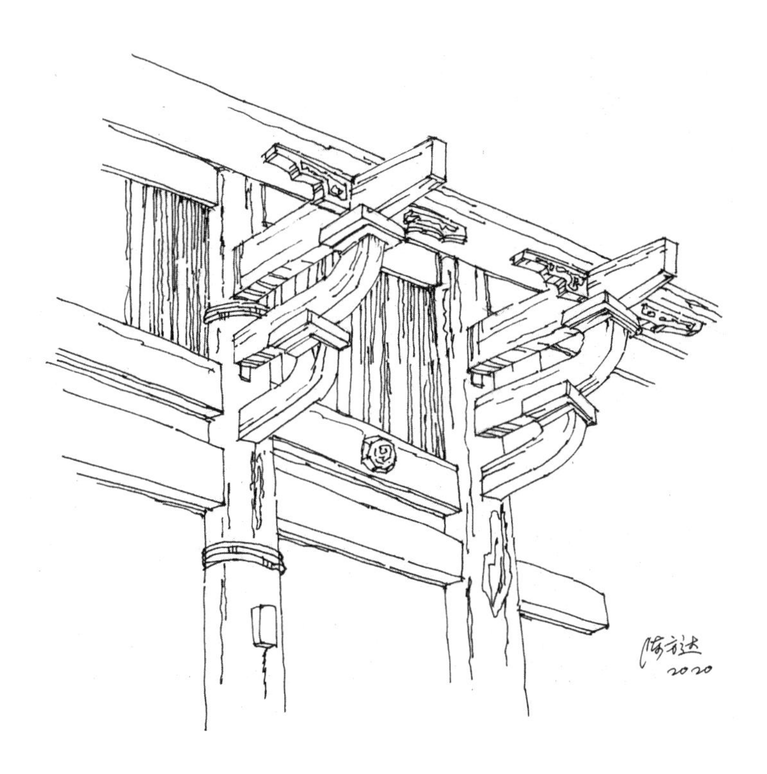

建筑构件 斗拱1

建筑构件 马头墙1

建筑构件　马头墙墀头

建筑构件　马头墙2

建筑构件　门头

建筑构件　门环

建筑构件　装饰木雕

建筑构件　门1

建筑构件　马头墙3

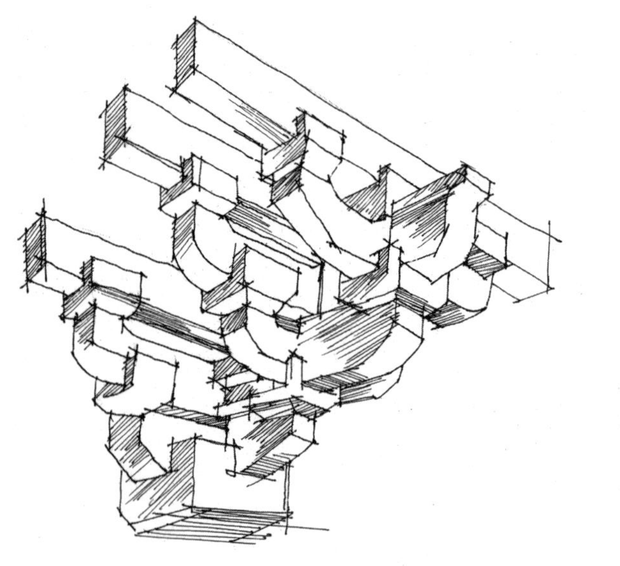

建筑构件　斗拱2

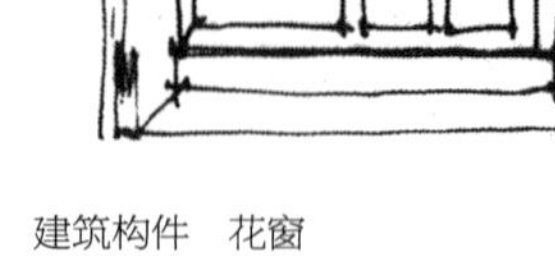

建筑构件　花窗

建筑构件　门、窗

建筑构件　门檐

建筑构件　门2

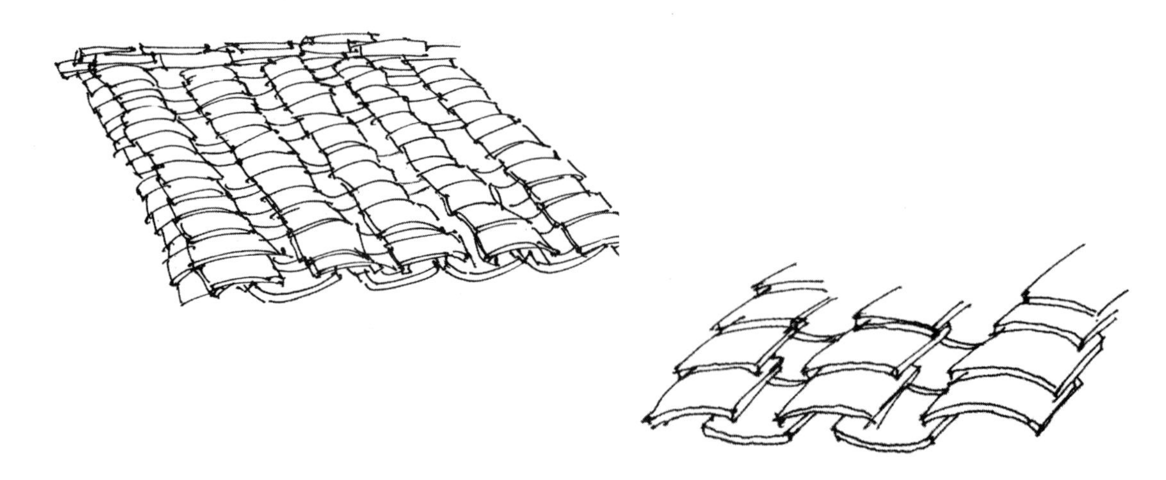

建筑构件　高屋顶

建筑构件　门3

福建民居局部

5 建筑的表现

5.1 传统民居的表现

我国地域辽阔，各地因气候、环境、民俗文化的不同，民居建筑形态各具特色、异彩纷呈。民居蕴藏着丰富的历史信息、文化内涵，也是地域文化的重要载体，记录着先辈的智慧与创造，传承了独具特色的乡土文化。它是我们祖先留下的宝贵遗产，也是我国劳动人民集体智慧的结晶。

民居建筑是许多画家、设计师喜爱的绘画题材。大家用不同的艺术形式表现民居，其中钢笔画是最具有群众性的，同时也是大众喜闻乐见的艺术表现形式之一。民居建筑画虽是以建筑作为表现题材，但又不仅限于只描绘建筑本身，建筑构件、生活器具以及民居周边相应的植物、环境等都可以纳入表现的范畴。作画者往往借此表达对民居建筑的美，以及其对充满乡土气息的生活环境的认识、理解和热爱。

福建民居1

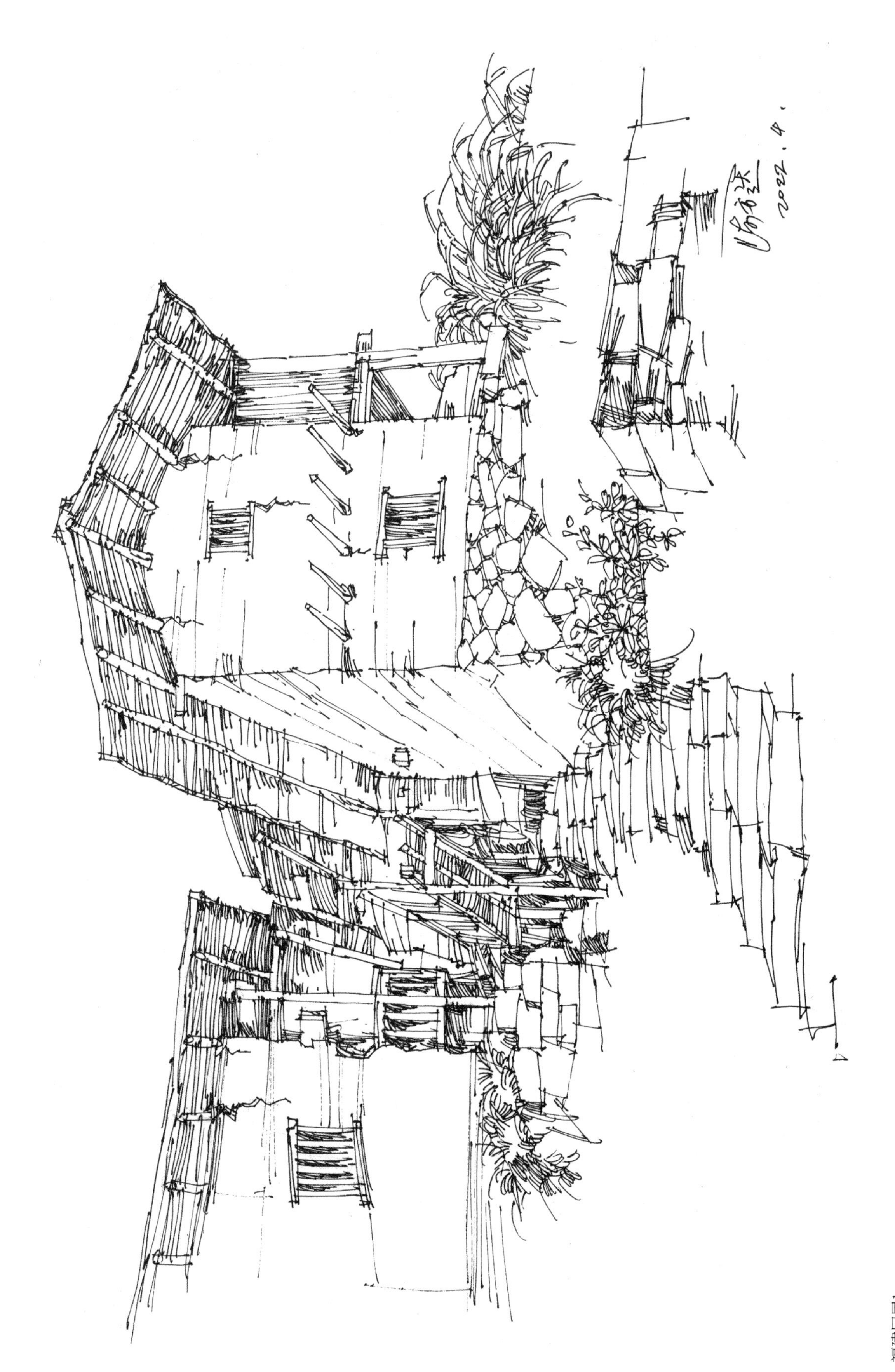

福建民居1

福建民居2

水榭戏台

福建民居3

桂峰村1

浙江丽水民居1

闽北桂林村1

江西婺源民居

徽州民居1

徽州民居2

福建民居4

徽州屏山民居

徽州民居3

徽州民居4

福建民居5

桂峰村2

蒲城古城1

闽北沙埕镇1

浙江丽水民居2

蒲城古城2

闽北桂林村2

福建民居6

闽北沙埕镇2

5.2 现代建筑的表现

如果说传统建筑带有“过去时”的特征，那么现代建筑就属于“现在进行时”，与我们当下的生活状态紧密相关。现代建筑与传统建筑在造型上有很大的不同，具有自己独特的面貌。现代建筑广泛采用钢筋混凝土结构，体量庞大，建筑表面大量使用玻璃和各种金属材料等，具有简洁的几何形造型特征。

流水别墅

办公楼1

办公楼2

图书馆1

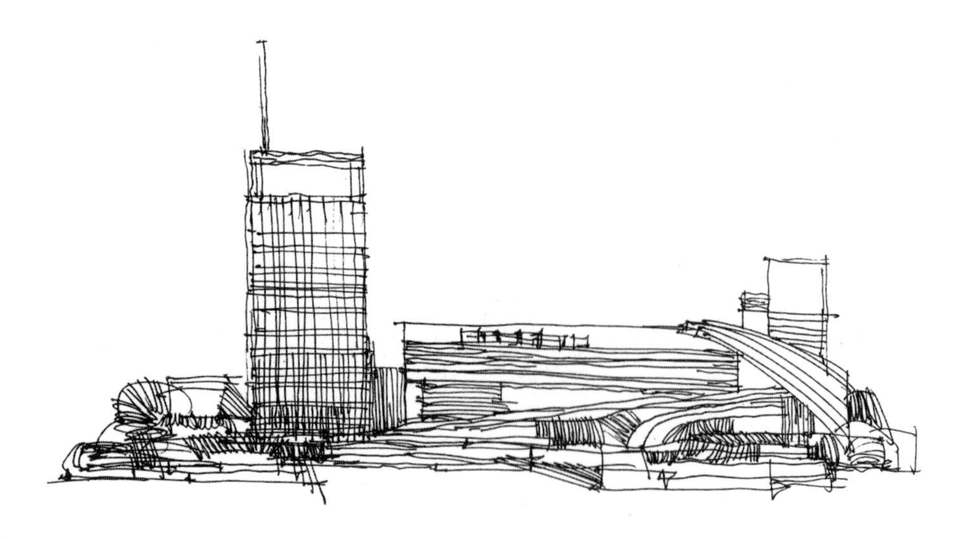

公共建筑

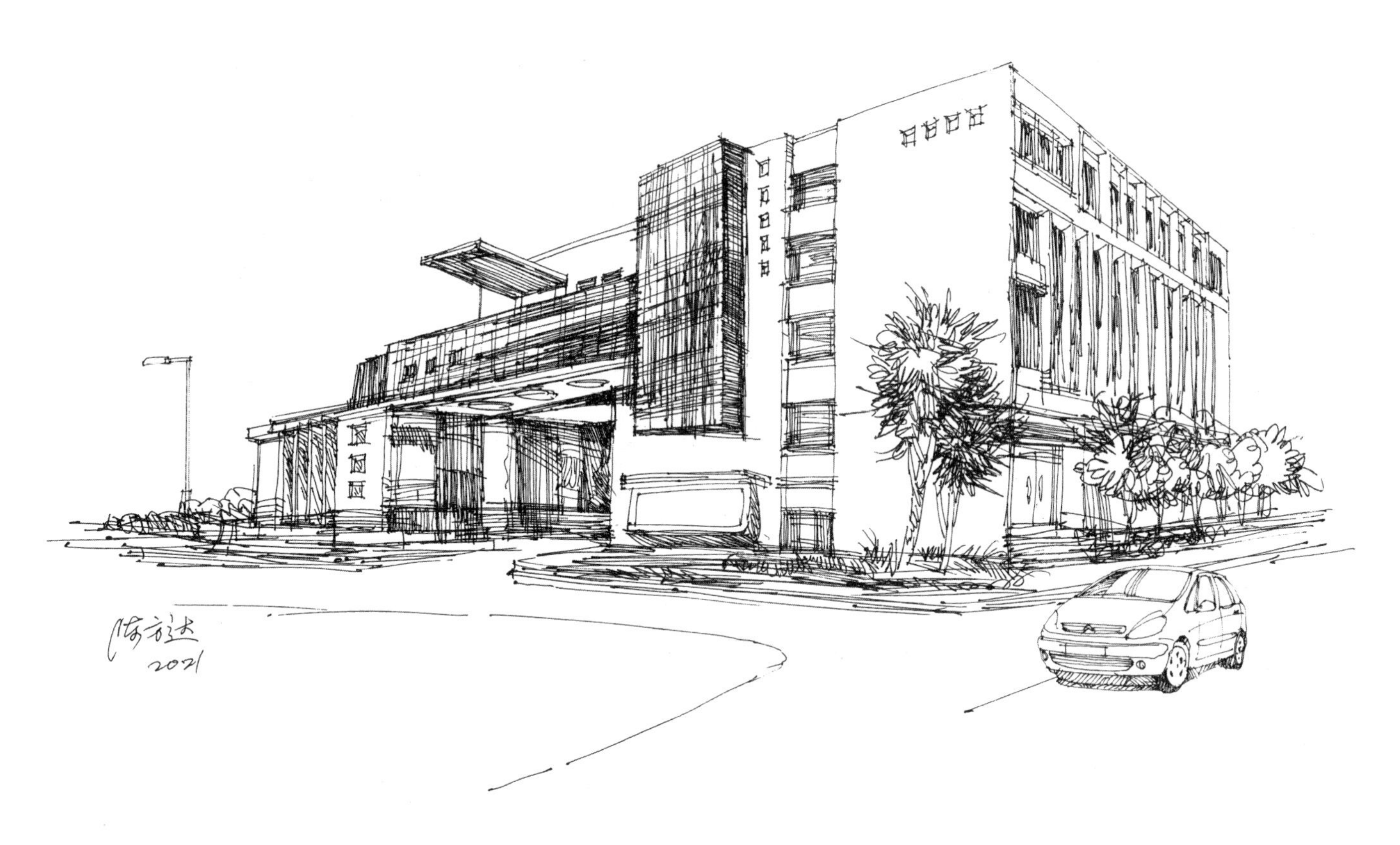

校园建筑

歌剧院

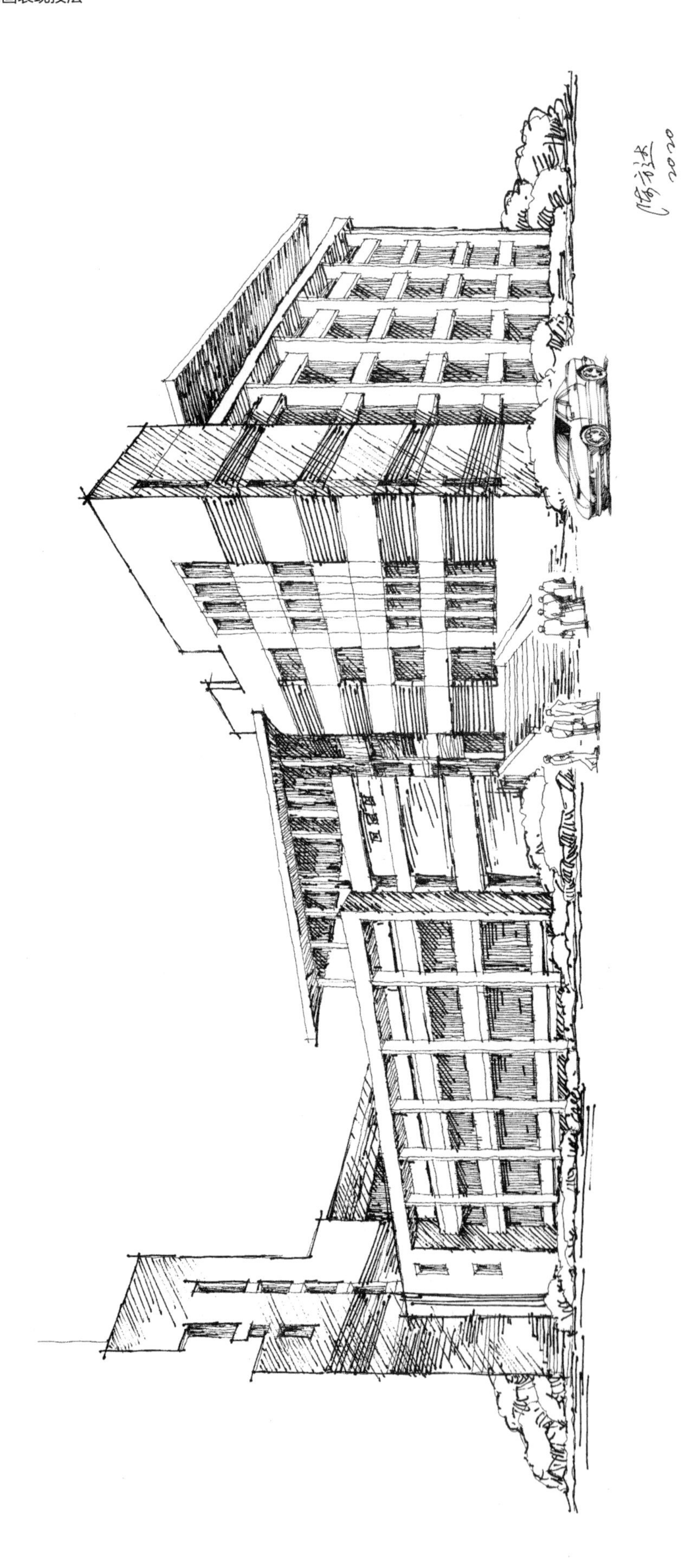

图书馆2

5.3 园林景观的表现

优秀的园林景观通常能够巧妙地将水景、绿化、道路、广场、小品雕塑、石景、活动设施等景观元素与简约的建筑有机结合。丰富各园林景观空间，在满足居民交通、游赏、活动要求的同时，兼顾各单元的个性空间环境氛围的营造。通过种植不同种类、不同层次、不同形态的花草树木，形成可居、可游、可观的园林景观环境。使园林景观真正做到以人为本，为我们的生活增添美感。

景观1

景观2

景观3

景观4

景观5

景观6

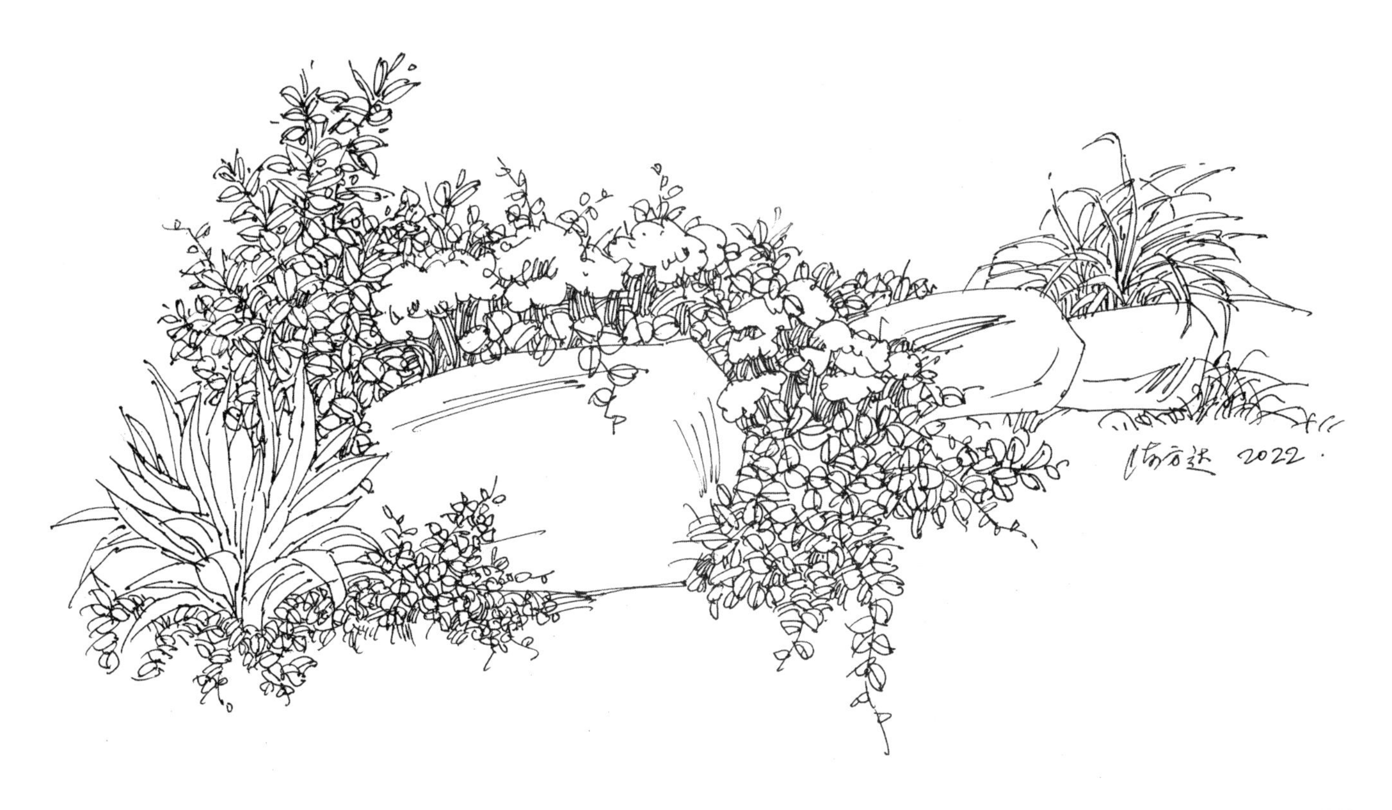

景观7

景观8

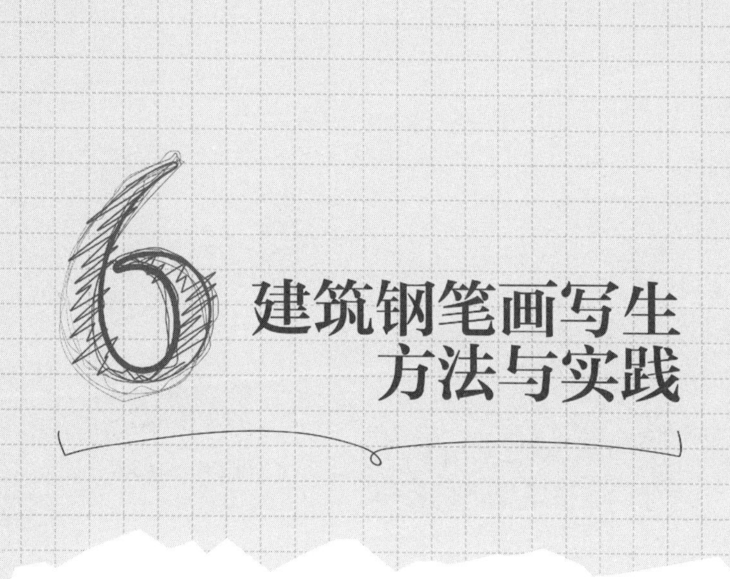

6 建筑钢笔画写生方法与实践

6.1 建筑钢笔画的作画步骤

面对写生场景，动笔前我们一定要有计划和构思，确定重点表现的部分，明确哪些地方需要概括，以及如何进行调整与改造。这些问题我们都应该先做出整体的考量。

安徽查济民居　实景照

安徽查济民居　步骤图1

从画面的重点和中心开始画起。作画前应确定画面的中心和主体，然后从画面中心开始画起，当然也可以从画面某个其他的切入点入手，关键是要把握住画面的整体关系，做到心中有数。

安徽查济民居　步骤图2

拱桥和亭子都是画面的重点内容，要深入刻画，注意细节的表现，同时又要注意拱桥和亭子两个主体之间的相互关系。

安徽查济民居　步骤图3

控制好画面的构图，发现问题及时调整。同时要注意画面所描绘景物的虚实关系，注意线条的疏密对比。

安徽查济民居　步骤图4

始终要注意画面的整体性，细节的刻画要服从于整体，同时细节的刻画要注意丰富主体的效果。

安徽查济民居　完成图

安徽屏山民居　实景照

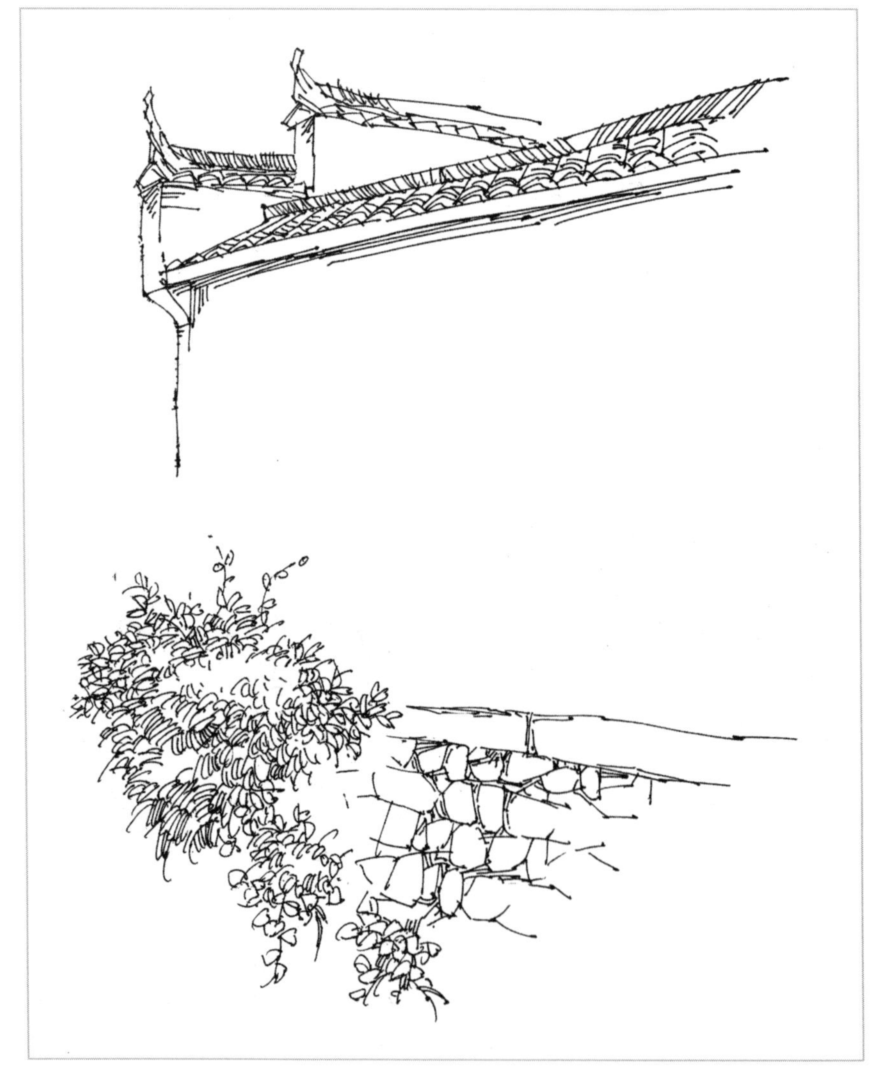

安徽屏山民居　步骤图1

由近及远的作画步骤。首先，把近景的屋顶部分画出来，这时候关键要把握好位置，并要考虑画面整体的透视关系。

安徽屏山民居　步骤图2

把中景部分的内容表现出来。中景是画面的重点和主体部分，中景的刻画要深入，细节要逐步丰富起来。

安徽屏山民居　步骤图3

进一步展开对中景内容的刻画，注意线条的虚实对比，不要画得太满，应该为后期调整留有余地。

安徽屏山民居　步骤图4

表现道路的时候，线条的排列组合要和主体部分区别开，形成线条的疏密对比，进一步确定画面总体的透视关系。

安徽屏山民居　步骤图5

画出远景的内容，在画远景的时候一定要考虑和中景重点部分在表现手法上的区别，做到主次有别。

安徽屏山民居　完成图

永泰嵩口民居　实景照

永泰嵩口民居　步骤图1

从最近处的某一配景开始画起。首先，画出近景处的植物；其次，把握好植物在画面中所处的位置；再次，表现出植物的基本特征。

永泰嵩口民居　步骤图2

画出靠近前面的一座建筑。这一步要注意两点：第一，把握好建筑的透视关系；第二，植物遮挡了建筑的某一部分，形成了前后关系。

永泰嵩口民居　步骤图3

画出另外一侧相应位置的建筑，始终要注意把握好建筑与建筑之间，以及建筑与植物之间的关系。

永泰嵩口民居　步骤图4

画出后面的建筑。这时画面的主体内容已经基本上表现出来了，要注意几座建筑的组合以及相互之间的关系，位置布局要合理。

永泰嵩口民居　步骤图5

画出道路和其他的植物配景。道路的表现在画面中至关重要，往远处延伸的道路能够极大增强画面的空间效果。

永泰嵩口民居　完成图

6.2 建筑钢笔画的写生实例与表现方法

实地写生是很好的训练与实践方式，同时也是很好的艺术创作方式。实地写生使我们能够对描绘的对象进行近距离的接触，给我们带来了真实的现场感受，所以来源于生活的写生往往具有其他方式无法替代的生动效果。写生时身临其境的感受是在观看图片中无法体验的。当然，在当下图像采集的手段极其便利，我们也不能拒绝参考图片。

在参考图片进行建筑钢笔画创作和练习的时候，最重要的是不能照搬、照抄照片，照片中提供的影像可以是我们创作或练习的素材依据。经过我们的取舍、调整、处理和再创造，照片是完全可以充分利用的、有价值的参考资料。利用照片等图像素材进行钢笔画练习和创作的方式，在某种程度上来说，能够大大地提高我们的工作效率。

屏南漈下村民居　实景照

在画这幅画时对照实景，作者在构图上做了较大的主观处理。水面和一些次要的内容都做了大胆取舍，使画面重点突出、主题明确。植物的处理是这幅画的亮点，多种不同植物互相重叠、互相穿插、虚实相间，前后主次有别，与主体建筑相得益彰。

屏南漈下村民居

福建民居 实景照

这是一处极其平常的场景。实景中的内容显得较为繁杂，在描绘的过程中务必要进行归纳和取舍处理。不同的墙面在处理手法上必须有区别，做到有虚有实，即使是同一块墙面，上半部分和下半部分的处理手法也不相同。石头台阶做了重点的刻画，强调其节奏感，从画面上来看，实景的植物做了较大的调整，前景部分的植物细节做了重点的刻画，使画面疏密有度、虚实得当。即便是平常的景物，我们也可以画成一幅精彩的建筑钢笔画。

福建民居

浙江民居　实景照

浙江民居

在画每一幅画之前，我们都会对所画内容有一个设想，这就是构思。这幅画的特点是画面概括、精炼、重点突出。首先，用写实的手法表现出民居的特征；其次，对地面铺贴材质进行了大幅度的调整，使大小相间的石板路和建筑主体更加协调，也更具有节奏感；再次，在画面左侧添加了植物，在线条的处理上正好和墙面形成了强烈的疏密对比，增强了画面的视觉效果。

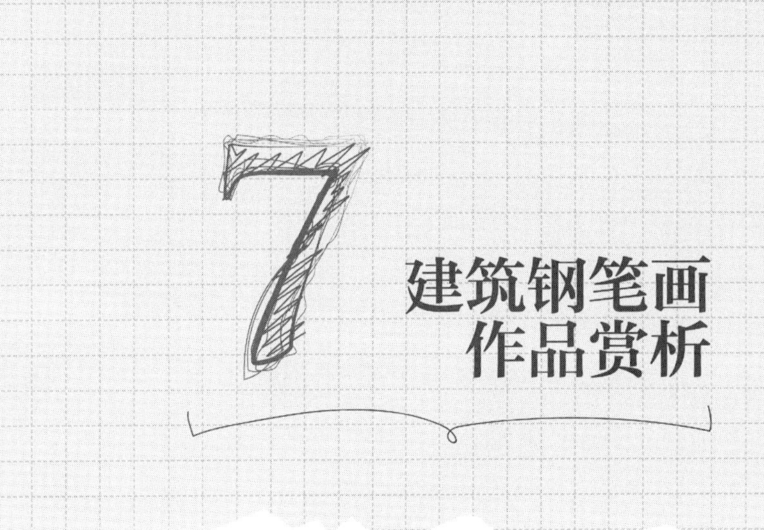

7 建筑钢笔画作品赏析

建筑钢笔画的表现形式丰富多样，以下介绍的建筑钢笔画作品基本上遵循了写实的风格。作者钢笔表现手法娴熟多样，画面效果生动活泼，线条的组织精炼概括，每一幅作品在某种程度上带有一定的理性化追求与表达。画面主题明确、重点突出，大胆地舍去了实际景物中可有可无的多余内容，做到线条流畅、虚实得当、对比丰富。作者特别注重画面形式感的表现，追求画面的审美趣味性。

蒲城古城1

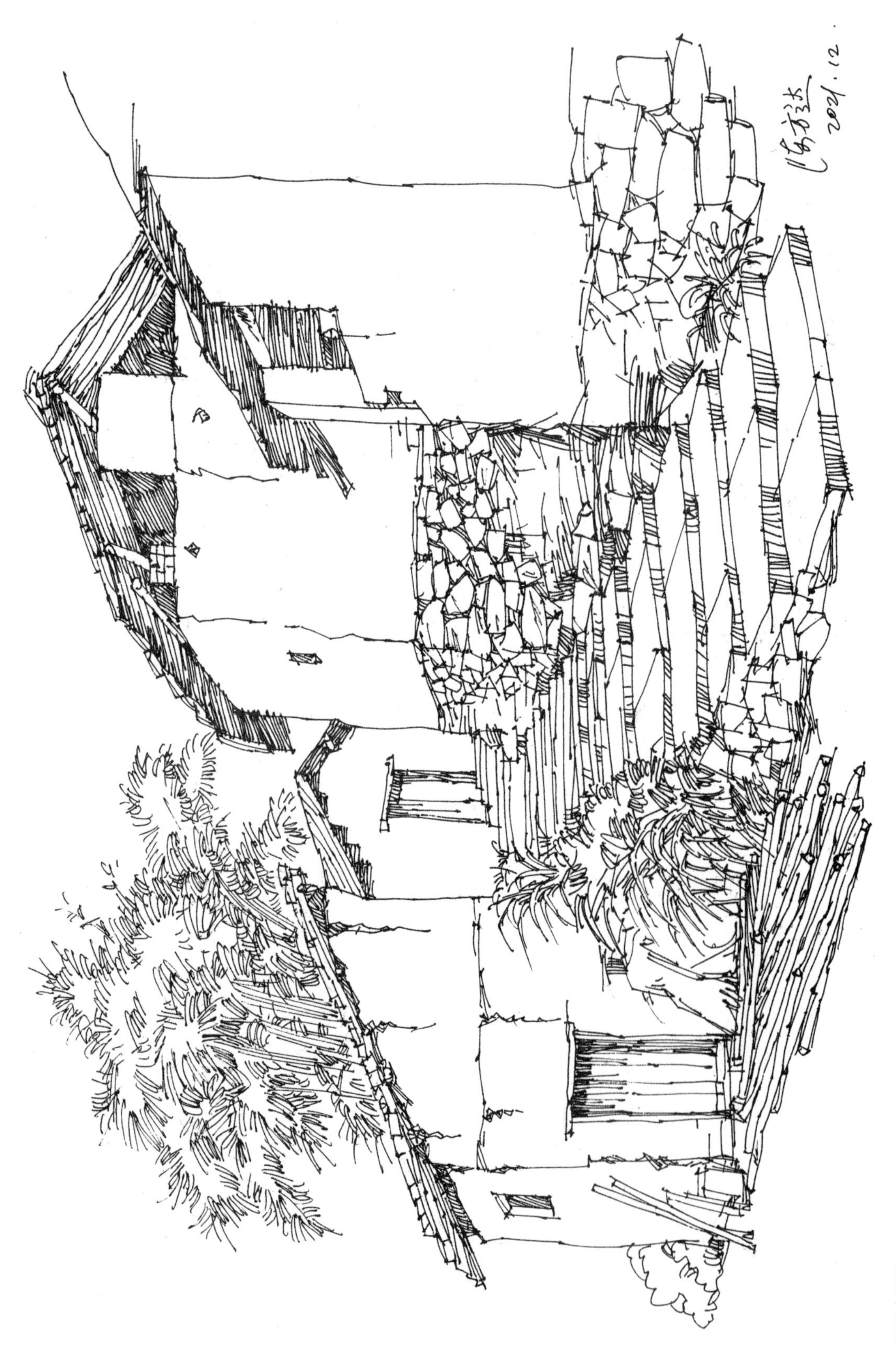

浙江丽水民居

古田会议会址

古田会议会址坐落于福建省龙岩市上杭县古田镇。古田会议是中国共产党建党建军历史上的一个重要里程碑，古田会议精神体现了中国共产党在理论和实践上的创新。

新四军军部旧址

新四军军部旧址坐落于安徽省泾县云岭镇罗里村，是典型的明清时期徽派建筑，建筑风格独特，保存完整，极具历史研究价值。

蒲城古城2

闽北沙埕镇

别墅

福建民居

民居

铅笔建筑风景速写

铅笔建筑风景画与钢笔建筑风景画在表现手法上有很大的不同，但这两种方法又具有很强的互补性，在建筑风景画的教学过程中，两种绘画表现方法可以交叉、穿梭进行，相互借鉴、相互促进定会相得益彰，这样学习的效果也会更加理想。

公园

小巷

西塘民居

武夷山民居

月河水乡民居1

安徽查济民居

永泰嵩口民居

浙江松阳民居